线性代数同步练习

Xianxing Daishu Tongbu Lianxi

主编　赵德钧　桑　田　　副主编　王天波　吴中成

高等教育出版社·北京

内容提要

本书主要包括行列式、矩阵及其运算、向量组的线性相关性、线性方程组、矩阵的相似对角化、二次型等内容的同步练习，书末还附有综合测试。

本书切合实际，包含基本训练题（同步练习（A））和提高训练题（同步练习（B）），题量适中、难易适当，便于学生学习和掌握线性代数的基本理论、基本方法和基本运算，也便于教师批阅作业。

本书适合高等学校工科类及经济管理类等非数学类专业学习线性代数的学生使用。

图书在版编目（C I P）数据

线性代数同步练习／赵德钧，桑田主编．--北京：高等教育出版社，2022.2（2024.11重印）
ISBN 978－7－04－057945－1

Ⅰ．①线…　Ⅱ．①赵…　②桑…　Ⅲ．①线性代数－高等学校－教学参考资料　Ⅳ．①O151.2

中国版本图书馆 CIP 数据核字（2022）第 008657 号

策划编辑　张彦云　　责任编辑　张彦云　　封面设计　李树龙　　版式设计　张　杰
责任校对　高　歌　　责任印制　刘思涵

出版发行　高等教育出版社
社　　址　北京市西城区德外大街 4 号
邮政编码　100120
印　　刷　三河市华骏印务包装有限公司
开　　本　787mm×1092mm　1/16
印　　张　4.25
字　　数　100 千字
购书热线　010-58581118
咨询电话　400-810-0598
网　　址　http://www.hep.edu.cn
　　　　　http://www.hep.com.cn
网上订购　http://www.hepmall.com.cn
　　　　　http://www.hepmall.com
　　　　　http://www.hepmall.cn
版　　次　2022 年 2 月第 1 版
印　　次　2024 年 11 月第 3 次印刷
定　　价　10.50 元

物 料 号　57945-00

前　言

线性代数的理论和方法是处理多维、多变量问题数量关系的基本代数工具,学习和掌握线性代数的理论和方法是掌握现代科学技术、从事科学研究的重要基础。因此,线性代数是高等学校工科类及经济管理类等专业的一门重要的基础理论课程,该课程不仅为学生学习后续课程提供了必备的基础知识,而且是全国硕士研究生招生考试的主考课程之一。学习线性代数课程除了理解和掌握该课程的基本概念、基本内容和基本方法,还要了解它的来龙去脉和应用。数学课程的学习离不开必要的习题演练,适量的习题演练是有效掌握课程理论和方法的重要手段。本书是按照教育部高等学校大学数学课程教学指导委员会制订的“工科类、经济管理类本科数学基础课程教学基本要求”以及《全国硕士研究生招生考试数学考试大纲》中线性代数部分编写而成的,提供给师生在课堂教学后进行同步课后练习使用。

本书是编者在上海工程技术大学建设上海市教委重点课程“线性代数”的基础上编写而成的,讲义已供多届学生试用,效果良好,期间持续对各章习题进行修订、完善和充实。本书共分六章,其中第一至三章及综合测试(一)(二)(三)由赵德钧编写,第四章由吴中成编写,第五章由王天波编写,第六章及综合测试(四)由桑田编写,全书由赵德钧、桑田统稿。每章习题分同步练习(A)(B)两类,其中同步练习(A)是基本训练题,满足课堂教学的基本要求,同步练习(B)是提高训练题,供学生课外自主练习使用。综合测试(一)(二)(三)按课程教学基本要求编写,综合测试(四)由历年全国硕士研究生招生考试试题选编而成。本书的编写和出版得到了高等教育出版社和上海工程技术大学数理与统计学院的大力支持和帮助,编者在此一并感谢。最后还要感谢数学系的同仁们,尤其是线性代数课程组的各位老师历年来编写线性代数课后习题所付出的辛勤劳动。

由于编者水平有限,书中不妥之处在所难免,诚恳希望读者提出宝贵意见。

编者

2021 年 10 月

目　　录

第一章　行　列　式

同步练习 1(A)

学号________姓名________班序号________

主要内容:2 阶、3 阶行列式,n 阶行列式的定义,行列式按行(列)展开.

1. 计算下列 2 阶、3 阶行列式.

(1) $\begin{vmatrix} \cos\theta & -\sin\theta \\ \sin\theta & \cos\theta \end{vmatrix}$;

(2) $\begin{vmatrix} n & n-1 \\ n+1 & n \end{vmatrix}$;

(3) $\begin{vmatrix} a & b \\ a^2 & b^2 \end{vmatrix}$;

(4) $\begin{vmatrix} 1 & 3 & -1 \\ 1 & 2 & 1 \\ -1 & 1 & 4 \end{vmatrix}$;

(5) $\begin{vmatrix} 2 & 0 & 1 \\ 1 & -4 & -1 \\ -1 & 8 & 3 \end{vmatrix}$;

(6) $\begin{vmatrix} 4 & 1 & 2 \\ -1 & 2 & 1 \\ 2 & -1 & 3 \end{vmatrix}$;

(7) $\begin{vmatrix} a & b & a+b \\ b & a+b & a \\ a+b & a & b \end{vmatrix}$;

(8) $\begin{vmatrix} 1 & 1 & 1 \\ a & b & c \\ a^2 & b^2 & c^2 \end{vmatrix}$.

2. 利用行列式求解下列线性方程组.

(1) $\begin{cases} 3x_1+2x_2=3, \\ 6x_1+5x_2=-1; \end{cases}$

(2) $\begin{cases} nx_1+(n-1)x_2=1, \\ (n+1)x_1+nx_2=-1; \end{cases}$

(3) $\begin{cases} x_1+x_2+x_3=1, \\ 2x_1-x_2-x_3=1, \\ x_1-x_2+x_3=2; \end{cases}$

(4) $\begin{cases} x_1+x_2+x_3=10, \\ 3x_1+2x_2+x_3=14, \\ 2x_1+3x_2-x_3=1. \end{cases}$

3. 计算下列 4 阶行列式.

(1) $\begin{vmatrix} 1 & 4 & 2 & 4 \\ 2 & 1 & 0 & 2 \\ 5 & 10 & 2 & 0 \\ 1 & 0 & 1 & 7 \end{vmatrix}$;

(2) $\begin{vmatrix} 1 & 1 & 3 & 2 \\ 2 & -5 & 4 & 3 \\ 4 & -9 & 8 & 5 \\ -3 & 2 & -5 & 3 \end{vmatrix}$.

同步练习 1(B)

学号________姓名________班序号________

主要内容:参见同步练习 1(A).

1. 计算下列 2 阶、3 阶、4 阶行列式.

(1) $\begin{vmatrix} 1 & \log_b a \\ \log_a b & n+1 \end{vmatrix}$;

(2) $\begin{vmatrix} 1+a & b & c \\ a & 1+b & c \\ a & b & 1+c \end{vmatrix}$;

(3) $\begin{vmatrix} -ab & ac & ae \\ bd & -cd & de \\ bf & cf & -ef \end{vmatrix}$;

(4) $\begin{vmatrix} 1 & 3 & 2 & 4 \\ 2 & 1 & 3 & 1 \\ 3 & 2 & 1 & 4 \\ 2 & 1 & 0 & 1 \end{vmatrix}$;

(5) $\begin{vmatrix} 1 & 2 & -3 & -4 \\ 0 & -1 & 2 & -1 \\ -1 & -2 & 5 & -8 \\ 1 & 3 & -5 & 10 \end{vmatrix}$;

(6) $\begin{vmatrix} a & 0 & -1 & 1 \\ 0 & a & 1 & -1 \\ -1 & 1 & a & 0 \\ 1 & -1 & 0 & a \end{vmatrix}$.

2. 设 α,β,γ 是互不相等的实数,证明:行列式

$$\begin{vmatrix} 1 & 1 & 1 \\ \alpha & \beta & \gamma \\ \alpha^3 & \beta^3 & \gamma^3 \end{vmatrix}=0$$

的充要条件是 $\alpha+\beta+\gamma=0$.

3. 一位投资人拟把 10 000 元投入甲、乙、丙三家公司,要求所得利润分别为 12%,15%,22%.如果投给乙的钱是投给甲的钱的 2 倍,且他想得到的总利润是 2 000 元,问应分别给这三家公司投资多少钱?

(提示:设未知元列出方程组,是一个 3 元线性方程组,该方程组可用克拉默法则求解.)

4. 解关于 x 的方程:$\begin{vmatrix} 0 & 1 & x & 1 \\ 1 & 0 & 1 & x \\ x & 1 & 1 & 0 \\ 1 & x & 1 & 0 \end{vmatrix}=0.$

(提示:方程左边的行列式可展开成一个 4 次多项式,因此该方程有 4 个根.)

同步练习 2(A)

学号________姓名________班序号________

主要内容:n 阶行列式的性质,n 阶行列式的计算,克拉默法则的应用.

1. 填空题

(1) 设 $D=\begin{vmatrix} 2 & 0 & 6 \\ 3 & -1 & 5 \\ 1 & 5 & 7 \end{vmatrix}$,则余子式 $M_{23}=$__________;代数余子式 $A_{21}=$__________.

(2) 已知 3 阶行列式 D 中第二列元素依次为 1,2,3,其对应的代数余子式的值依次为 3,2,1,则该行列式 $D=$__________.

(3) 已知 3 阶行列式 D 中第一行元素依次为 1,2,3,其对应的余子式的值依次为 3,2,1,则该行列式 $D=$__________.

(4) 排列 351426 的逆序数是__________;排列 7135264 的逆序数是__________.

(5) 在 4 阶行列式中,包含 $a_{22}a_{43}$ 且带正号的项是__________.

(6) 在 6 阶行列式中,项 $a_{32}a_{54}a_{41}a_{65}a_{13}a_{26}$ 所带的符号是__________.

2. 利用行列式性质计算下列行列式.

(1) $\begin{vmatrix} a & b & c & 1 \\ b & c & a & 1 \\ c & a & b & 1 \\ \frac{b+c}{2} & \frac{a+c}{2} & \frac{b+a}{2} & 1 \end{vmatrix}$;

(2) $\begin{vmatrix} 1 & 1 & 1 & 1 \\ 2 & 3 & x & y \\ 4 & 9 & x^2 & y^2 \\ 8 & 27 & x^3 & y^3 \end{vmatrix}$.

3. 已知行列式 $D=\begin{vmatrix} 1 & 3 & 0 & 1 \\ 1 & 1 & 1 & 1 \\ 0 & 2 & 1 & -2 \\ 3 & -1 & 1 & 4 \end{vmatrix}$,

计算(1) $A_{41}+A_{42}+A_{43}+A_{44}$;

(2) $M_{41}+M_{42}+M_{43}+M_{44}$.

4. 计算下列 n 阶行列式.

(1) $D_n=\begin{vmatrix} 1 & 1 & 1 & \cdots & 1 \\ 1 & 1-b & 1 & \cdots & 1 \\ 1 & 1 & 2-b & \cdots & 1 \\ \vdots & \vdots & \vdots & & \vdots \\ 1 & 1 & 1 & \cdots & n-1-b \end{vmatrix}$;

(2) $D_n=\begin{vmatrix} 1 & 4 & 6 & \cdots & 2n \\ 1 & 2 & 0 & \cdots & 0 \\ 1 & 0 & 3 & \cdots & 0 \\ \vdots & \vdots & \vdots & & \vdots \\ 1 & 0 & 0 & \cdots & n \end{vmatrix}$;

(3) $D_n=\begin{vmatrix} 1 & 2 & 3 & \cdots & n-1 & n \\ 1 & -1 & 0 & \cdots & 0 & 0 \\ 0 & 2 & -2 & \cdots & 0 & 0 \\ \vdots & \vdots & \vdots & & \vdots & \vdots \\ 0 & 0 & 0 & \cdots & n-1 & 1-n \end{vmatrix}$.

同步练习 2(B)

学号________姓名________班序号________

主要内容:参见同步练习 2(A).

1. 填空题

(1) 设行列式 $D=\begin{vmatrix} a_{11} & a_{12} & a_{13} \\ a_{21} & a_{22} & a_{23} \\ a_{31} & a_{32} & a_{33} \end{vmatrix}=\frac{1}{2}$,则行列式 $D_1=\begin{vmatrix} 2a_{11} & a_{13} & a_{11}-2a_{12} \\ 2a_{21} & a_{23} & a_{21}-2a_{22} \\ 2a_{31} & a_{33} & a_{31}-2a_{32} \end{vmatrix}=$__________.

(2) 行列式 $f(x)=\begin{vmatrix} x-1 & 4 & 3 & 2 \\ 1 & x-2 & 2 & 1 \\ 5 & 7 & x & 0 \\ 3 & -2 & 1 & x-1 \end{vmatrix}$ 的展开式中包含 x^3 项的系数是__________.

(3) 已知齐次线性方程组 $\begin{cases} x_1+x_2+x_3=0, \\ x_1+2x_2+ax_3=0, \\ x_1+4x_2+a^2x_3=0 \end{cases}$ 有非零解,则 $a=$__________.

(4) 设 4 阶行列式的值为 36,其第 2 列元素依次为 1,0,t,2,对应余子式的值为 1,3,-5,2,则 $t=$__________.

2. 计算下列 n 阶行列式.

(1) $D_n=\begin{vmatrix} x+a_1 & a_1 & \cdots & a_1 \\ a_2 & x+a_2 & \cdots & a_2 \\ \vdots & \vdots & & \vdots \\ a_n & a_n & \cdots & x+a_n \end{vmatrix}$;

(2) $D_n=\begin{vmatrix} 1+a_1 & 1 & \cdots & 1 \\ 1 & 1+a_2 & \cdots & 1 \\ \vdots & \vdots & & \vdots \\ 1 & 1 & \cdots & 1+a_n \end{vmatrix}$;

(3) $D_n=\begin{vmatrix} a+b & ab & 0 & \cdots & 0 & 0 \\ 1 & a+b & ab & \cdots & 0 & 0 \\ 0 & 1 & a+b & \cdots & 0 & 0 \\ \vdots & \vdots & \vdots & & \vdots & \vdots \\ 0 & 0 & 0 & \cdots & 1 & a+b \end{vmatrix}$,

其中 $a\neq b$;

(4) $D_n=\begin{vmatrix} 1+a_1^2 & a_1a_2 & \cdots & a_1a_n \\ a_2a_1 & 1+a_2^2 & \cdots & a_2a_n \\ \vdots & \vdots & & \vdots \\ a_na_1 & a_na_2 & \cdots & 1+a_n^2 \end{vmatrix}$.

3. 设 3 次曲线 $y=a_1x^3+a_2x^2+a_3x+a_4$ 通过点(1,0),(2,-2),(3,2),(4,18),求该曲线方程.

第二章　矩阵及其运算

同步练习 3(A)

学号________姓名________班序号________

主要内容:矩阵的概念,矩阵的运算,逆矩阵.

1. 设 $\boldsymbol{A}=\begin{pmatrix}1&1&1\\1&1&-1\\1&-1&1\end{pmatrix}$, $\boldsymbol{B}=\begin{pmatrix}1&2&3\\-1&-2&4\\0&5&1\end{pmatrix}$,计算:

(1) $\boldsymbol{A}+\boldsymbol{B}$;

(2) $\boldsymbol{A}^{\mathrm{T}}\boldsymbol{B}$;

(3) $3\boldsymbol{AB}-2\boldsymbol{A}$.

2. 计算下列矩阵的乘积.

(1) $\begin{pmatrix}2&3&1\\1&-2&3\\3&5&0\end{pmatrix}\begin{pmatrix}5\\2\\1\end{pmatrix}$;

(2) $\begin{pmatrix}3&2&0\\2&-3&1\end{pmatrix}\begin{pmatrix}0&-1&1\\1&-2&0\\3&2&-1\end{pmatrix}$;

(3) $\begin{pmatrix}1&2&4\\0&1&3\\3&5&1\end{pmatrix}\begin{pmatrix}2&1\\0&5\\1&3\end{pmatrix}$.

3. 设 $\boldsymbol{X}+2\begin{pmatrix}2&0\\1&-2\\-3&1\end{pmatrix}-\begin{pmatrix}1&3\\-2&0\\2&-1\end{pmatrix}=\boldsymbol{O}$,求矩阵 $\boldsymbol{X}$.

4. 已知两个线性变换 $\boldsymbol{y}=\boldsymbol{A}\boldsymbol{x}$ 及 $\boldsymbol{z}=\boldsymbol{B}\boldsymbol{y}$ 如下：

$$\begin{cases} y_1 = 2x_1 - x_2 + x_3, \\ y_2 = -2x_1 + 3x_2 + x_3, \\ y_3 = 4x_1 + x_2 + x_3, \end{cases} \quad \begin{cases} z_1 = -3y_1 + y_2, \\ z_2 = 2y_1 + y_3, \\ z_3 = -y_2 + 3y_3, \end{cases}$$

试利用矩阵乘法求从 x_1,x_2,x_3 到 z_1,z_2,z_3 的线性变换 $\boldsymbol{z}=\boldsymbol{C}\boldsymbol{x}$ 的系数矩阵 $\boldsymbol{C}$.

5. 求下列矩阵 $\boldsymbol{A}$ 的逆矩阵.

（1）$\boldsymbol{A}=\begin{pmatrix} 2 & -1 \\ 5 & -3 \end{pmatrix}$（公式法）；

（2）$\boldsymbol{A}=\begin{pmatrix} 1 & 2 & -1 \\ 3 & 4 & -2 \\ 5 & -4 & 1 \end{pmatrix}$（公式法或初等变换法）；

（3）$\boldsymbol{A}=\begin{pmatrix} 1 & -2 & 0 \\ 1 & -3 & 0 \\ 0 & 0 & 4 \end{pmatrix}$（分块对角矩阵法）.

6. 求矩阵 $\boldsymbol{X}$ 满足：$\begin{pmatrix} 1 & -1 & 1 \\ 0 & 1 & -1 \\ 0 & 0 & 1 \end{pmatrix}\boldsymbol{X}=\begin{pmatrix} 1 & 2 \\ 2 & 3 \\ 3 & 1 \end{pmatrix}$.

同步练习 3(B)

学号________姓名________班序号________

主要内容:参见同步练习 3(A).

1. 设 $\boldsymbol{A}=(1\quad 2\quad 3)$,$\boldsymbol{B}=\begin{pmatrix}3\\2\\1\end{pmatrix}$.

(1) 分别计算 $\boldsymbol{AB},\boldsymbol{BA}$;

(2) 利用(1)中的结果计算$(\boldsymbol{BA})^n$(公式法).

2. 已知$f(x)=x^2-3x+2$,$\boldsymbol{A}=\begin{pmatrix}2&1&0\\-1&0&3\\3&2&-1\end{pmatrix}$,计算矩阵多项式$f(\boldsymbol{A})$,并判断$f(\boldsymbol{A})$是否为可逆矩阵.

3. 已知$\boldsymbol{A}=\begin{pmatrix}2&1&1\\1&2&-1\\-1&1&2\end{pmatrix}$,求$|2\boldsymbol{A}^{\mathrm{T}}-3\boldsymbol{E}|$.

4. 计算$(x\quad y\quad z)\begin{pmatrix}1&1&2\\1&2&-1\\2&-1&3\end{pmatrix}\begin{pmatrix}x\\y\\z\end{pmatrix}$.

5. 填空题

(1) 设 $\boldsymbol{A},\boldsymbol{B}$ 为 n 阶方阵,且 $|\boldsymbol{A}^{-1}|=3$, $|\boldsymbol{B}|=2$,则 $|\boldsymbol{AB}^{-1}|=$__________.

(2) 设 $\boldsymbol{A}$ 为 3 阶方阵,$\boldsymbol{A}^*$ 是 $\boldsymbol{A}$ 的伴随矩阵,且 $|\boldsymbol{A}|=2$,则 $|2\boldsymbol{A}^*-5\boldsymbol{A}^{-1}|=$__________.

(3) 若矩阵 $\boldsymbol{A}=\begin{pmatrix}-1&2&1\\2&x&3\\2&-4&5\end{pmatrix}$ 不可逆,则 $x=$__________.

(4) 已知 n 阶矩阵 $\boldsymbol{A}$ 满足 $\boldsymbol{A}^2-2\boldsymbol{A}-4\boldsymbol{E}=\boldsymbol{O}$,则 $\boldsymbol{A}^{-1}=$__________;$(\boldsymbol{A}+\boldsymbol{E})^{-1}=$__________;$(\boldsymbol{A}-2\boldsymbol{E})^{-1}=$__________.

(5) 已知 $\boldsymbol{A}$ 为 n 阶方阵,且满足 $\boldsymbol{A}^2=\boldsymbol{A}$,则 $(\boldsymbol{A}+\boldsymbol{E})^k=$__________.

(6) 已知 $\boldsymbol{A}=\begin{pmatrix}1&3&1\\0&2&4\\1&5&4\end{pmatrix}$,$\boldsymbol{A}^*$ 是 $\boldsymbol{A}$ 的伴随矩阵,则 $(\boldsymbol{A}^*)^{-1}=$__________.

6. 已知 $\boldsymbol{A}=\begin{pmatrix}3&0&1\\1&1&0\\0&1&4\end{pmatrix}$,且 $\boldsymbol{AX}=\boldsymbol{A}+2\boldsymbol{X}$,求矩阵 $\boldsymbol{X}$.

7. 用求逆矩阵的方法解线性方程组:

$$\begin{cases}x_1-x_2-x_3=2,\\2x_1-x_2-3x_3=1,\\3x_1+2x_2-5x_3=0.\end{cases}$$

同步练习 4(A)

学号________姓名________班序号________

主要内容:分块矩阵,初等变换与初等矩阵,矩阵的综合运算.

1. 利用分块矩阵求下列矩阵的逆矩阵.

(1) $\begin{pmatrix} 3 & 0 & 0 \\ 0 & 1 & 2 \\ 0 & 3 & 7 \end{pmatrix}$;

(2) $\begin{pmatrix} 2 & 1 & 0 & 0 \\ 1 & 1 & 0 & 0 \\ 0 & 0 & 3 & 5 \\ 0 & 0 & 1 & 2 \end{pmatrix}$;

(3) $\begin{pmatrix} 0 & 0 & 3 & 5 \\ 0 & 0 & -2 & -3 \\ 2 & -1 & 0 & 0 \\ -9 & 4 & 0 & 0 \end{pmatrix}$.

2. 已知 $\boldsymbol{A}=\begin{pmatrix} 2 & 3 & 0 & 0 \\ 0 & 1 & 0 & 0 \\ 0 & 0 & 3 & -1 \\ 0 & 0 & -5 & 2 \end{pmatrix}$,求 $|\boldsymbol{A}^3|$, $\boldsymbol{A}^4$.

3. 利用初等变换法求下列矩阵 $\boldsymbol{A}$ 的逆矩阵.

(1) $\boldsymbol{A}=\begin{pmatrix} 1 & 2 & 0 \\ 2 & 0 & 3 \\ 0 & 1 & -1 \end{pmatrix}$;

(2) $\boldsymbol{A}=\begin{pmatrix} 4 & 1 & -2 \\ 2 & 2 & 1 \\ 3 & 1 & -1 \end{pmatrix}$.

4. 已知线性变换 $\boldsymbol{y}=\boldsymbol{A}\boldsymbol{x}$：$\begin{cases} y_1 = 4x_1+2x_2+3x_3, \\ y_2 = x_1+x_2, \\ y_3 = -x_1+2x_2+3x_3. \end{cases}$

（1）写出系数矩阵 $\boldsymbol{A}$；

（2）若矩阵 $\boldsymbol{X}$ 满足 $\boldsymbol{AX}=\boldsymbol{A}+2\boldsymbol{X}$，求矩阵 $\boldsymbol{X}$.

5. 已知矩阵 $\boldsymbol{A},\boldsymbol{B},\boldsymbol{P}$ 满足 $\boldsymbol{AP}=\boldsymbol{PB}$，且

$$\boldsymbol{B}=\begin{pmatrix} 1 & 0 & 0 \\ 0 & 0 & 0 \\ 0 & 0 & -1 \end{pmatrix},\boldsymbol{P}=\begin{pmatrix} 1 & 0 & 0 \\ 2 & -1 & 0 \\ 2 & 1 & 1 \end{pmatrix},$$

试求矩阵 $\boldsymbol{A}^{99}$.

（提示：利用 $\boldsymbol{A}=\boldsymbol{PBP}^{-1}\Rightarrow\boldsymbol{A}^{99}=\boldsymbol{PB}^{99}\boldsymbol{P}^{-1}$.）

6. 设 $\boldsymbol{H}=\boldsymbol{E}-2\boldsymbol{x}\boldsymbol{x}^{\mathrm{T}}$，其中 $\boldsymbol{E}$ 为 n 阶单位矩阵，$\boldsymbol{x}$ 为 n 维列矩阵，又 $\boldsymbol{x}^{\mathrm{T}}\boldsymbol{x}=1$，试证明：

（1）$\boldsymbol{H}$ 是对称矩阵；

（2）矩阵 $\boldsymbol{H}$ 可逆，且 $\boldsymbol{H}^{-1}=\boldsymbol{H}^{\mathrm{T}}$.

同步练习 4(B)

学号________姓名________班序号________

主要内容:参见同步练习 4(A).

1. 已知矩阵 $\boldsymbol{A}=\begin{pmatrix} 0 & a_1 & 0 & \cdots & 0 \\ 0 & 0 & a_2 & \cdots & 0 \\ \vdots & \vdots & \vdots & & \vdots \\ 0 & 0 & 0 & \cdots & a_{n-1} \\ a_n & 0 & 0 & \cdots & 0 \end{pmatrix}$,其中 $a_1,a_2,\cdots,a_n$ 均不为 0,试用分块矩阵法求 $\boldsymbol{A}^{-1}$.

2. 已知矩阵 $\boldsymbol{X}$ 满足 $\boldsymbol{X}(\boldsymbol{E}-\boldsymbol{B}^{-1}\boldsymbol{C})^{\mathrm{T}}\boldsymbol{B}^{\mathrm{T}}=\boldsymbol{E}$,其中

$$\boldsymbol{B}=\begin{pmatrix} 3 & 1 & 0 \\ 4 & 0 & 4 \\ 4 & 2 & 2 \end{pmatrix},\boldsymbol{C}=\begin{pmatrix} 1 & 0 & 1 \\ 2 & 1 & 2 \\ 1 & 2 & 1 \end{pmatrix},$$

试求矩阵 $\boldsymbol{X}$.

3. 用初等变换法求矩阵 $\boldsymbol{A}$ 的逆矩阵,其中

$$\boldsymbol{A}=\begin{pmatrix} 1 & -2 & -3 & -2 \\ 3 & -2 & 0 & -1 \\ 0 & 2 & 2 & 1 \\ 1 & -1 & -1 & -1 \end{pmatrix}.$$

4. 已知 $\boldsymbol{A}=\begin{pmatrix}6 & -3 & 4\\ 2 & 0 & 4\\ 0 & -1 & 4\end{pmatrix}$，$\boldsymbol{B}=\begin{pmatrix}1 & 0 & 1\\ 2 & 1 & 1\\ -1 & 1 & 2\end{pmatrix}$，且矩阵 $\boldsymbol{X}$ 满足 $\boldsymbol{AX}=\boldsymbol{B}+3\boldsymbol{X}$，求矩阵 $\boldsymbol{X}$.

5. 设矩阵 $\boldsymbol{A}=\begin{pmatrix}\boldsymbol{B} & \boldsymbol{O}\\ \boldsymbol{D} & \boldsymbol{C}\end{pmatrix}$，其中 $\boldsymbol{B}$ 和 $\boldsymbol{C}$ 都是可逆矩阵，证明 $\boldsymbol{A}$ 可逆，并求 $\boldsymbol{A}^{-1}$.

6. 设矩阵 $\boldsymbol{A}$ 的伴随矩阵 $\boldsymbol{A}^{*}=\begin{pmatrix}1 & 0 & 0 & 0\\ 0 & 1 & 0 & 0\\ 1 & 0 & 1 & 0\\ 0 & 2 & 0 & 8\end{pmatrix}$，且矩阵 $\boldsymbol{B}$ 满足 $\boldsymbol{AB}^{-1}\boldsymbol{A}^{-1}=\boldsymbol{B}^{-1}\boldsymbol{A}^{-1}+3\boldsymbol{E}$，求矩阵 $\boldsymbol{B}$.

第三章　向量组的线性相关性

同步练习 5(A)

学号________姓名________班序号________

主要内容:向量的运算,向量组的线性相关性.

1. 填空题

(1) 已知 $\boldsymbol{\alpha}=(2,-1,0,1)^{\mathrm{T}}$,$\boldsymbol{\beta}=(2,1,-1,3)^{\mathrm{T}}$,若向量 $\boldsymbol{\gamma}$ 满足 $2\boldsymbol{\alpha}+\boldsymbol{\gamma}=\boldsymbol{\beta}$,则 $\boldsymbol{\gamma}=$__________.

(2) 两向量线性相关的充要条件是__________.

(3) 设 $\boldsymbol{A}=(\boldsymbol{\alpha}_1,\boldsymbol{\alpha}_2,\boldsymbol{\alpha}_3)$,$\boldsymbol{B}=(\boldsymbol{\alpha}_4,\boldsymbol{\alpha}_2,\boldsymbol{\alpha}_3)$,其中 $\boldsymbol{\alpha}_1,\boldsymbol{\alpha}_2,\boldsymbol{\alpha}_3,\boldsymbol{\alpha}_4$ 均为 3 维列向量,且行列式 $|\boldsymbol{A}|=-2$,$|\boldsymbol{B}|=3$,则 $|\boldsymbol{A}+\boldsymbol{B}|=$__________.

(4) 已知向量组 $\boldsymbol{\alpha}_1=(1,-1,1)^{\mathrm{T}}$,$\boldsymbol{\alpha}_2=(2,-3,1)^{\mathrm{T}}$,$\boldsymbol{\alpha}_3=(1,-2,t)^{\mathrm{T}}$ 线性相关,则 $t=$__________.

(5) 已知向量组 $\boldsymbol{\alpha}_1=(1,-1,1)^{\mathrm{T}}$,$\boldsymbol{\alpha}_2=(a,0,b)^{\mathrm{T}}$,$\boldsymbol{\alpha}_3=(1,2,-3)^{\mathrm{T}}$ 线性相关,则 a 与 b 应满足的关系式为__________.

2. 设 $\boldsymbol{\alpha}=\begin{pmatrix}1\\0\\-1\end{pmatrix}$,$\boldsymbol{\beta}=\begin{pmatrix}2\\3\\1\end{pmatrix}$,计算:

(1) $3\boldsymbol{\alpha}-2\boldsymbol{\beta}$;(2) $\boldsymbol{\alpha}^{\mathrm{T}}\boldsymbol{\beta}$;(3) $\boldsymbol{\alpha}\boldsymbol{\beta}^{\mathrm{T}}$.

3. 用简明的理由判别下列向量组是否线性相关.

(1) $\boldsymbol{\alpha}_1=\begin{pmatrix}1\\2\\-1\\3\end{pmatrix}$,$\boldsymbol{\alpha}_2=\begin{pmatrix}2\\3\\5\\-1\end{pmatrix}$,$\boldsymbol{\alpha}_3=\begin{pmatrix}0\\0\\0\\0\end{pmatrix}$;

(2) $\boldsymbol{\alpha}_1=\begin{pmatrix}1\\2\\-1\\3\end{pmatrix}$,$\boldsymbol{\alpha}_2=\begin{pmatrix}3\\6\\-3\\9\end{pmatrix}$,$\boldsymbol{\alpha}_3=\begin{pmatrix}2\\3\\5\\7\end{pmatrix}$;

(3) $\boldsymbol{\alpha}_1=\begin{pmatrix}2\\1\\3\\-1\end{pmatrix}$,$\boldsymbol{\alpha}_2=\begin{pmatrix}1\\3\\2\\5\end{pmatrix}$,$\boldsymbol{\alpha}_3=\begin{pmatrix}3\\4\\5\\4\end{pmatrix}$;

(4) $\boldsymbol{\alpha}_1=\begin{pmatrix}1\\2\\-1\end{pmatrix}$,$\boldsymbol{\alpha}_2=\begin{pmatrix}-2\\3\\5\end{pmatrix}$,$\boldsymbol{\alpha}_3=\begin{pmatrix}-5\\4\\11\end{pmatrix}$.

4. 证明 n 维向量组 A 与向量组 B 等价，其中

$$A:\boldsymbol{e}_1=\begin{pmatrix}1\\0\\\vdots\\0\end{pmatrix},\boldsymbol{e}_2=\begin{pmatrix}0\\1\\\vdots\\0\end{pmatrix},\cdots,\boldsymbol{e}_n=\begin{pmatrix}0\\0\\\vdots\\1\end{pmatrix};$$

$$B:\boldsymbol{\alpha}_1=\begin{pmatrix}1\\0\\\vdots\\0\end{pmatrix},\boldsymbol{\alpha}_2=\begin{pmatrix}1\\2\\\vdots\\0\end{pmatrix},\cdots,\boldsymbol{\alpha}_n=\begin{pmatrix}1\\2\\\vdots\\n\end{pmatrix}.$$

5. 已知向量组 $\boldsymbol{\alpha}_1,\boldsymbol{\alpha}_2,\boldsymbol{\alpha}_3$ 线性无关，又向量组

$$\boldsymbol{\beta}_1=\boldsymbol{\alpha}_1+\boldsymbol{\alpha}_2,\boldsymbol{\beta}_2=3\boldsymbol{\alpha}_2-\boldsymbol{\alpha}_3,\boldsymbol{\beta}_3=2\boldsymbol{\alpha}_1-\boldsymbol{\alpha}_2,$$

证明 $\boldsymbol{\beta}_1,\boldsymbol{\beta}_2,\boldsymbol{\beta}_3$ 线性无关.

6. 设向量组 $\boldsymbol{\alpha}_1,\boldsymbol{\alpha}_2,\boldsymbol{\alpha}_3$ 线性无关，判断下列向量组线性相关还是线性无关.

(1) $\boldsymbol{\beta}_1=\boldsymbol{\alpha}_1-\boldsymbol{\alpha}_2,\boldsymbol{\beta}_2=\boldsymbol{\alpha}_2-\boldsymbol{\alpha}_3,\boldsymbol{\beta}_3=\boldsymbol{\alpha}_3-\boldsymbol{\alpha}_1$;

(2) $\boldsymbol{\beta}_1=\boldsymbol{\alpha}_1-2\boldsymbol{\alpha}_2,\boldsymbol{\beta}_2=\boldsymbol{\alpha}_2-\boldsymbol{\alpha}_3,\boldsymbol{\beta}_3=\boldsymbol{\alpha}_3+\boldsymbol{\alpha}_1$.

同步练习 5(B)

学号________姓名________班序号________

主要内容:参见同步练习 5(A).

1. 选择题

(1) 设向量组 $\boldsymbol{\alpha},\boldsymbol{\beta},\boldsymbol{\gamma}$ 线性无关,$\boldsymbol{\alpha},\boldsymbol{\beta},\boldsymbol{\delta}$ 线性相关,则(　　).

(A) $\boldsymbol{\alpha}$ 必可由 $\boldsymbol{\beta},\boldsymbol{\gamma},\boldsymbol{\delta}$ 线性表示

(B) $\boldsymbol{\beta}$ 必不可由 $\boldsymbol{\alpha},\boldsymbol{\gamma},\boldsymbol{\delta}$ 线性表示

(C) $\boldsymbol{\delta}$ 必可由 $\boldsymbol{\alpha},\boldsymbol{\beta},\boldsymbol{\gamma}$ 线性表示

(D) $\boldsymbol{\delta}$ 必不可由 $\boldsymbol{\alpha},\boldsymbol{\beta},\boldsymbol{\gamma}$ 线性表示

(2) n 阶矩阵 $\boldsymbol{A}$ 可逆的充要条件是(　　).

(A) $\boldsymbol{A}$ 的每个行向量都是非零向量

(B) $\boldsymbol{A}$ 中任意两个行向量都不成比例

(C) $\boldsymbol{A}$ 的每一列向量都不能用其他列向量线性表示

(D) $\boldsymbol{A}$ 的行向量中有一个向量可由其他向量线性表示

(3) n 维向量组 $\boldsymbol{\alpha}_1,\boldsymbol{\alpha}_2,\cdots,\boldsymbol{\alpha}_s(s\geqslant 2)$ 线性相关的充要条件是(　　).

(A) $\boldsymbol{\alpha}_1,\boldsymbol{\alpha}_2,\cdots,\boldsymbol{\alpha}_s$ 中至少有一个零向量

(B) $\boldsymbol{\alpha}_1,\boldsymbol{\alpha}_2,\cdots,\boldsymbol{\alpha}_s$ 中至少有两个向量成比例

(C) $\boldsymbol{\alpha}_1,\boldsymbol{\alpha}_2,\cdots,\boldsymbol{\alpha}_s$ 中任意两个向量不成比例

(D) $\boldsymbol{\alpha}_1,\boldsymbol{\alpha}_2,\cdots,\boldsymbol{\alpha}_s$ 中至少有一个向量可由其他向量线性表示

(4) n 维向量组 $\boldsymbol{\alpha}_1,\boldsymbol{\alpha}_2,\cdots,\boldsymbol{\alpha}_s(3\leqslant s\leqslant n)$ 线性无关的充要条件是(　　).

(A) 存在一组不全为零的数 $k_1,k_2,\cdots,k_s$,使得 $k_1\boldsymbol{\alpha}_1+k_2\boldsymbol{\alpha}_2+\cdots+k_s\boldsymbol{\alpha}_s\neq\boldsymbol{0}$

(B) $\boldsymbol{\alpha}_1,\boldsymbol{\alpha}_2,\cdots,\boldsymbol{\alpha}_s$ 中任意两个向量都线性无关

(C) $\boldsymbol{\alpha}_1,\boldsymbol{\alpha}_2,\cdots,\boldsymbol{\alpha}_s$ 中存在一个向量,它不能被其余向量线性表示

(D) $\boldsymbol{\alpha}_1,\boldsymbol{\alpha}_2,\cdots,\boldsymbol{\alpha}_s$ 中任一部分向量组都线性无关

(5) 已知 $\boldsymbol{\alpha}_1,\boldsymbol{\alpha}_2,\cdots,\boldsymbol{\alpha}_s$ 为 n 维向量组,则下列结论正确的是(　　).

(A) 若 $k_1\boldsymbol{\alpha}_1+k_2\boldsymbol{\alpha}_2+\cdots+k_s\boldsymbol{\alpha}_s=\boldsymbol{0}$,则向量组 $\boldsymbol{\alpha}_1,\boldsymbol{\alpha}_2,\cdots,\boldsymbol{\alpha}_s$ 线性相关

(B) 若向量组 $\boldsymbol{\alpha}_1,\boldsymbol{\alpha}_2,\cdots,\boldsymbol{\alpha}_s$ 线性无关,则等式 $k_1\boldsymbol{\alpha}_1+k_2\boldsymbol{\alpha}_2+\cdots+k_s\boldsymbol{\alpha}_s=\boldsymbol{0}$ 必不成立

(C) 若 $\boldsymbol{\alpha}_1,\boldsymbol{\alpha}_2,\cdots,\boldsymbol{\alpha}_s$ 线性相关,则有不全为零的一组数 $k_1,k_2,\cdots,k_s$,使得 $k_1\boldsymbol{\alpha}_1+k_2\boldsymbol{\alpha}_2+\cdots+k_s\boldsymbol{\alpha}_s=\boldsymbol{0}$

(D) 若 $0\boldsymbol{\alpha}_1+0\boldsymbol{\alpha}_2+\cdots+0\boldsymbol{\alpha}_s=\boldsymbol{0}$,则向量组 $\boldsymbol{\alpha}_1,\boldsymbol{\alpha}_2,\cdots,\boldsymbol{\alpha}_s$ 线性无关

(6) 向量组

$$\boldsymbol{\alpha}_1=\begin{pmatrix}1\\1\\0\\0\end{pmatrix},\boldsymbol{\alpha}_2=\begin{pmatrix}0\\0\\1\\1\end{pmatrix},\boldsymbol{\alpha}_3=\begin{pmatrix}1\\0\\1\\0\end{pmatrix},\boldsymbol{\alpha}_4=\begin{pmatrix}1\\1\\2\\2\end{pmatrix}$$

的一个最大线性无关组为(　　).

(A) $\boldsymbol{\alpha}_1,\boldsymbol{\alpha}_2$

(B) $\boldsymbol{\alpha}_1,\boldsymbol{\alpha}_2,\boldsymbol{\alpha}_3$

(C) $\boldsymbol{\alpha}_1,\boldsymbol{\alpha}_2,\boldsymbol{\alpha}_4$

(D) $\boldsymbol{\alpha}_1,\boldsymbol{\alpha}_2,\boldsymbol{\alpha}_3,\boldsymbol{\alpha}_4$

2. 已知 $\boldsymbol{A}$ 为 $m\times l$ 矩阵,$\boldsymbol{B}$ 为 $l\times n$ 矩阵,且 $\boldsymbol{AB}=\boldsymbol{C}$,证明矩阵 $\boldsymbol{C}$ 的列向量组可由矩阵 $\boldsymbol{A}$ 的列向量组线性表示.

3. 设 $\boldsymbol{\beta}_1=\boldsymbol{\alpha}_2+\boldsymbol{\alpha}_3,\boldsymbol{\beta}_2=\boldsymbol{\alpha}_3+\boldsymbol{\alpha}_1,\boldsymbol{\beta}_3=\boldsymbol{\alpha}_1+\boldsymbol{\alpha}_2$，证明向量组 $\boldsymbol{\alpha}_1,\boldsymbol{\alpha}_2,\boldsymbol{\alpha}_3$ 与 $\boldsymbol{\beta}_1,\boldsymbol{\beta}_2,\boldsymbol{\beta}_3$ 等价.

4. 已知向量组 $\boldsymbol{\alpha}_1,\boldsymbol{\alpha}_2,\cdots,\boldsymbol{\alpha}_n$ 线性无关，证明向量组 $\boldsymbol{\alpha}_1+\boldsymbol{\alpha}_2,\boldsymbol{\alpha}_2+\boldsymbol{\alpha}_3,\cdots,\boldsymbol{\alpha}_n+\boldsymbol{\alpha}_1$ 当 n 为奇数时线性无关，当 n 为偶数时线性相关.

5. 已知 $\boldsymbol{A}$ 是 n 阶方阵，$\boldsymbol{\alpha}$ 是 n 维列向量，k 为正整数，且 $\boldsymbol{A}^{k-1}\boldsymbol{\alpha}\neq\boldsymbol{0},\boldsymbol{A}^k\boldsymbol{\alpha}=\boldsymbol{0}$，证明向量组 $\boldsymbol{\alpha},\boldsymbol{A}\boldsymbol{\alpha},\cdots,\boldsymbol{A}^{k-1}\boldsymbol{\alpha}$ 线性无关.

同步练习 6(A)

学号________姓名________班序号________

主要内容:矩阵的秩,向量组的秩.

1. 用初等行变换化下列矩阵为行阶梯形矩阵,并求其秩.

(1) $\boldsymbol{A}=\begin{pmatrix}1&2&0&0\\0&6&2&4\\1&11&3&6\end{pmatrix}$;

(2) $\boldsymbol{B}=\begin{pmatrix}1&-2&2&-1\\2&-4&8&0\\-2&4&-2&3\\3&-6&8&0\end{pmatrix}$.

2. 用初等行变换化下列矩阵为行最简形矩阵.

(1) $\boldsymbol{A}=\begin{pmatrix}1&2&2&-1\\2&4&3&1\\3&6&4&3\end{pmatrix}$;

(2) $\boldsymbol{B}=\begin{pmatrix}1&1&-2&1&4\\3&6&-9&7&9\\2&-1&-1&1&2\\4&-6&2&-2&4\end{pmatrix}$.

3. 求下列向量组的秩,并写出它的一个最大线性无关组.

$\boldsymbol{\alpha}_1=\begin{pmatrix}1\\2\\-1\\-1\end{pmatrix},\boldsymbol{\alpha}_2=\begin{pmatrix}2\\5\\2\\-1\end{pmatrix},\boldsymbol{\alpha}_3=\begin{pmatrix}3\\5\\-7\\-4\end{pmatrix},\boldsymbol{\alpha}_4=\begin{pmatrix}-1\\6\\17\\9\end{pmatrix}$.

4. 求下列向量组的秩,以及它的一个最大线性无关组,并把其余向量用该最大线性无关组线性表示:

$$\boldsymbol{\alpha}_1=\begin{pmatrix}1\\3\\2\\2\\5\end{pmatrix},\boldsymbol{\alpha}_2=\begin{pmatrix}2\\2\\3\\2\\5\end{pmatrix},\boldsymbol{\alpha}_3=\begin{pmatrix}3\\1\\1\\2\\2\end{pmatrix},\boldsymbol{\alpha}_4=\begin{pmatrix}-1\\-1\\1\\-1\\0\end{pmatrix}.$$

5. 已知两个向量组

$A:\boldsymbol{\alpha}_1=(1,0,2)^{\mathrm{T}},\boldsymbol{\alpha}_2=(1,2,3)^{\mathrm{T}}$,

$B:\boldsymbol{\beta}_1=(2,2,5)^{\mathrm{T}},\boldsymbol{\beta}_2=(3,4,8)^{\mathrm{T}}$,

$\boldsymbol{\beta}_3=(0,2,1)^{\mathrm{T}}$,

证明:向量组 A 与向量组 B 等价.

6. 设向量 $\boldsymbol{\beta}$ 可以由向量组 $\boldsymbol{\alpha}_1,\boldsymbol{\alpha}_2,\cdots,\boldsymbol{\alpha}_m$ 线性表示,但 $\boldsymbol{\beta}$ 不能由向量组 $\boldsymbol{\alpha}_1,\boldsymbol{\alpha}_2,\cdots,\boldsymbol{\alpha}_{m-1}$ 线性表示,判断:

(1) 向量 $\boldsymbol{\alpha}_m$ 能否由向量组 $\boldsymbol{\alpha}_1,\boldsymbol{\alpha}_2,\cdots,\boldsymbol{\alpha}_{m-1},\boldsymbol{\beta}$ 线性表示,为什么?

(2) 向量 $\boldsymbol{\alpha}_m$ 能否由向量组 $\boldsymbol{\alpha}_1,\boldsymbol{\alpha}_2,\cdots,\boldsymbol{\alpha}_{m-1}$ 线性表示,为什么?

同步练习 6(B)

学号________姓名________班序号________

主要内容:参见同步练习 6(A).

1. 填空题

(1) 已知向量组 $\boldsymbol{\alpha}_1,\boldsymbol{\alpha}_2,\cdots,\boldsymbol{\alpha}_s$ 的秩为 r,则 $\boldsymbol{\alpha}_1,\boldsymbol{\alpha}_2,\cdots,\boldsymbol{\alpha}_s$ 中任意 r 个__________的向量都是它的最大线性无关组.

(2) 已知 3×4 矩阵 $\boldsymbol{A}$ 的行向量组线性无关,则 $\boldsymbol{A}^{\mathrm{T}}$ 的秩等于__________.

(3) 已知向量组 $\boldsymbol{\alpha}_1,\boldsymbol{\alpha}_2,\cdots,\boldsymbol{\alpha}_s$ 可由向量组 $\boldsymbol{\beta}_1,\boldsymbol{\beta}_2,\cdots,\boldsymbol{\beta}_t$ 线性表示,则这两个向量组的秩满足 $R(\boldsymbol{\alpha}_1,\boldsymbol{\alpha}_2,\cdots,\boldsymbol{\alpha}_s)$__________$R(\boldsymbol{\beta}_1,\boldsymbol{\beta}_2,\cdots,\boldsymbol{\beta}_t)$.

(4) 设矩阵 $\boldsymbol{A}=\begin{pmatrix}1&1&1&1\\0&-1&1&a\\2&b&3&4\\3&1&5&7\end{pmatrix}$,且 $R(\boldsymbol{A})=3$,则 a,b 满足关系式__________.

2. 选择题

(1) 已知矩阵 $\boldsymbol{A}$ 与 $\boldsymbol{B}$ 等价,则以下结论错误的是(　　).

(A) $\boldsymbol{A}$ 与 $\boldsymbol{B}$ 的行向量组的秩相等

(B) $\boldsymbol{A}$ 与 $\boldsymbol{B}$ 的列向量组的秩相等

(C) $\boldsymbol{A}$ 与 $\boldsymbol{B}$ 可用初等行变换化为相同的行最简形矩阵

(D) $\boldsymbol{A}$ 与 $\boldsymbol{B}$ 有相同的秩

(2) 设向量组 $\boldsymbol{\alpha}_1,\boldsymbol{\alpha}_2,\cdots,\boldsymbol{\alpha}_s$ 的秩为 r,则(　　).

(A) $\boldsymbol{\alpha}_1,\boldsymbol{\alpha}_2,\cdots,\boldsymbol{\alpha}_s$ 中至少有一个由 r 个向量组成的部分向量组线性无关

(B) $\boldsymbol{\alpha}_1,\boldsymbol{\alpha}_2,\cdots,\boldsymbol{\alpha}_s$ 中存在由 $r+1$ 个向量组成的部分向量组线性无关

(C) $\boldsymbol{\alpha}_1,\boldsymbol{\alpha}_2,\cdots,\boldsymbol{\alpha}_s$ 中由任意 r 个向量组成的部分向量组都线性无关

(D) $\boldsymbol{\alpha}_1,\boldsymbol{\alpha}_2,\cdots,\boldsymbol{\alpha}_s$ 中向量个数小于 r 的任意部分向量组都线性无关

(3) 设 $m\times n$ 矩阵 $\boldsymbol{A}$ 的 n 个列向量线性无关,则下列结论一定成立的是(　　).

(A) $R(\boldsymbol{A})>m$

(B) $R(\boldsymbol{A})<m$

(C) $R(\boldsymbol{A})=m$

(D) $R(\boldsymbol{A})=n$

3. 求矩阵 $\boldsymbol{A}=\begin{pmatrix}2&1&-1&-1&1\\1&-1&1&1&-2\\3&3&-3&-3&4\\4&5&-5&-5&7\end{pmatrix}$ 的列向量组的一个最大线性无关组,并把其余的列向量用该最大线性无关组线性表示.

4. 求 n 阶方阵 $\boldsymbol{A}=\begin{pmatrix} a & 1 & 1 & \cdots & 1 \\ 1 & a & 1 & \cdots & 1 \\ 1 & 1 & a & \cdots & 1 \\ \vdots & \vdots & \vdots & & \vdots \\ 1 & 1 & 1 & \cdots & a \end{pmatrix}$ 的秩.

5. 已知 $\boldsymbol{A}$ 为 n 阶方阵, $\boldsymbol{\alpha}_1,\boldsymbol{\alpha}_2,\cdots,\boldsymbol{\alpha}_n$ 为线性无关的 n 维向量,证明: $R(\boldsymbol{A})=n$ 的充分必要条件是 $\boldsymbol{A}\boldsymbol{\alpha}_1,\boldsymbol{A}\boldsymbol{\alpha}_2,\cdots,\boldsymbol{A}\boldsymbol{\alpha}_n$ 线性无关.

6. 已知向量组

$\boldsymbol{\alpha}_1=(1,0,1)^{\mathrm{T}},\boldsymbol{\alpha}_2=(0,1,1)^{\mathrm{T}},\boldsymbol{\alpha}_3=(1,3,5)^{\mathrm{T}}$

不能由向量组

$\boldsymbol{\beta}_1=(1,1,1)^{\mathrm{T}},\boldsymbol{\beta}_2=(1,2,3)^{\mathrm{T}},\boldsymbol{\beta}_3=(3,4,a)^{\mathrm{T}}$

线性表示.

(1) 求 a 的值;

(2) 将向量组 $\boldsymbol{\beta}_1,\boldsymbol{\beta}_2,\boldsymbol{\beta}_3$ 用向量组 $\boldsymbol{\alpha}_1,\boldsymbol{\alpha}_2,\boldsymbol{\alpha}_3$ 线性表示.

第四章　线性方程组

同步练习 7(A)

学号________姓名________班序号________

主要内容：高斯消元法、齐次线性方程组解的存在性、解的结构及求解.

1. 填空题

(1) 设 $m\times n$ 矩阵 $\boldsymbol{A}$ 的秩 $R(\boldsymbol{A})=r$，则齐次线性方程组 $\boldsymbol{Ax}=\boldsymbol{0}$ 只有零解当且仅当 r__________n，$\boldsymbol{Ax}=\boldsymbol{0}$ 有非零解当且仅当 r________n.

(2) 设 $\boldsymbol{A}=(a_{ij})_{4\times 6}$，其秩 $R(\boldsymbol{A})=2$，则齐次线性方程组 $\boldsymbol{Ax}=\boldsymbol{0}$ 的基础解系中解向量的个数为__________.

(3) 设 $\boldsymbol{A}=(a_{ij})_{3\times 5}$，齐次线性方程组 $\boldsymbol{Ax}=\boldsymbol{0}$ 的基础解系中解向量的个数为 2，则秩 $R(\boldsymbol{A})=$__________.

(4) 设 $\boldsymbol{A}$ 为 $m\times n$ 矩阵，$R(\boldsymbol{A})=r<\min\{m,n\}$，则 $\boldsymbol{Ax}=\boldsymbol{0}$ 有__________个解，有__________个线性无关的解.

(5) 线性方程组 $\begin{cases} x_1+x_2+x_3=0, \\ 2x_1-x_2-x_3=0, \\ x_1-x_2+kx_3=0 \end{cases}$ 只有零解的充分必要条件是__________.

2. 选择题

(1) 设 $\boldsymbol{A}$ 为 $m\times n$ 矩阵，则齐次线性方程组 $\boldsymbol{Ax}=\boldsymbol{0}$ 仅有零解当且仅当(　　).

(A) $\boldsymbol{A}$ 的列向量组线性无关

(B) $\boldsymbol{A}$ 的行向量组线性无关

(C) $\boldsymbol{A}$ 的列向量组线性相关

(D) $\boldsymbol{A}$ 的行向量组线性相关

(2) 设 $\boldsymbol{\xi}_1,\boldsymbol{\xi}_2,\boldsymbol{\xi}_3$ 为齐次线性方程组 $\boldsymbol{Ax}=\boldsymbol{0}$ 的基础解系，则该方程组的基础解系还可以表示为(　　).

(A) $\boldsymbol{\xi}_1+\boldsymbol{\xi}_2,\boldsymbol{\xi}_2-\boldsymbol{\xi}_3,\boldsymbol{\xi}_1+2\boldsymbol{\xi}_2-\boldsymbol{\xi}_3$

(B) $\boldsymbol{\xi}_1+\boldsymbol{\xi}_2,\boldsymbol{\xi}_2+\boldsymbol{\xi}_3,\boldsymbol{\xi}_1+2\boldsymbol{\xi}_2+\boldsymbol{\xi}_3$

(C) $\boldsymbol{\xi}_1-\boldsymbol{\xi}_2,\boldsymbol{\xi}_2-\boldsymbol{\xi}_3,\boldsymbol{\xi}_1-2\boldsymbol{\xi}_2+\boldsymbol{\xi}_3$

(D) $\boldsymbol{\xi}_1+\boldsymbol{\xi}_2,\boldsymbol{\xi}_2+\boldsymbol{\xi}_3,\boldsymbol{\xi}_1+2\boldsymbol{\xi}_2-\boldsymbol{\xi}_3$

(3) 已知 $\boldsymbol{\xi}_1=(-1,1,0)^{\mathrm{T}},\boldsymbol{\xi}_2=(-1,0,1)^{\mathrm{T}}$ 为齐次线性方程组 $\boldsymbol{Ax}=\boldsymbol{0}$ 的基础解系，则下列向量中为 $\boldsymbol{Ax}=\boldsymbol{0}$ 解的是(　　).

(A) $(-3,2,1)^{\mathrm{T}}$

(B) $(-3,2,2)^{\mathrm{T}}$

(C) $(1,1,1)^{\mathrm{T}}$

(D) $(2,1,2)^{\mathrm{T}}$

(4) $k=3$ 是齐次线性方程组

$$\begin{cases} x_1+x_2+x_3=0, \\ x_1+kx_2+3x_3=0, \\ x_1+k^2x_2+9x_3=0 \end{cases}$$

有非零解的(　　).

(A) 充分必要条件

(B) 充分而非必要条件

(C) 必要而非充分条件

(D) 既非充分又非必要条件

(5) 设 $\boldsymbol{\xi}_1,\boldsymbol{\xi}_2$ 为 n 元齐次线性方程组 $\boldsymbol{Ax}=\boldsymbol{0}$ 的两个不同的解，若秩 $R(\boldsymbol{A})=n-1$，则 $\boldsymbol{Ax}=\boldsymbol{0}$ 的通解为(　　).

(A) $k(\boldsymbol{\xi}_1+\boldsymbol{\xi}_2)$

(B) $k(\boldsymbol{\xi}_1-\boldsymbol{\xi}_2)$

(C) $k(\boldsymbol{\xi}_1+2\boldsymbol{\xi}_2)$

(D) $k(\boldsymbol{\xi}_1-2\boldsymbol{\xi}_2)$

3. 求下列齐次线性方程组的解.

(1) $\begin{cases} x_1+x_2-3x_3+x_4=0, \\ 3x_1+2x_2-5x_3+x_4=0, \\ x_1-x_2+2x_3-x_4=0; \end{cases}$

(2) $\begin{cases} x_1+2x_2-x_3+x_4=0, \\ 2x_1+4x_2-x_3+2x_4=0, \\ 3x_1+6x_2+x_3+3x_4=0. \end{cases}$

(3) $\begin{cases} x_1-x_2+x_3+x_4-2x_5=0, \\ 2x_1+x_2-x_3-x_4+x_5=0, \\ 3x_1+3x_2-3x_3-3x_4+4x_5=0, \\ 4x_1+5x_2-5x_3-5x_4+7x_5=0. \end{cases}$

4. 已知 $\boldsymbol{A}=\begin{pmatrix} 1 & 1 & 1 & -1 \\ 1 & -1 & t & -3 \\ 1 & 3 & t & t \end{pmatrix}$,且齐次线性方程组 $\boldsymbol{Ax}=\boldsymbol{0}$ 的基础解系中有两个解向量,求 $\boldsymbol{Ax}=\boldsymbol{0}$ 的通解.

同步练习 7(B)

学号________姓名________班序号________

主要内容:参见同步练习 7(A).

1. 选择题

(1) 已知 $\boldsymbol{A}=(\boldsymbol{\alpha}_1,\boldsymbol{\alpha}_2,\boldsymbol{\alpha}_3,\boldsymbol{\alpha}_4)$,且 $\boldsymbol{Ax}=\boldsymbol{0}$ 有通解 $\boldsymbol{x}=k(1,2,0,1)^{\mathrm{T}},k\in\mathbf{R}$,则下列方程组中有非零解的是(　　).

(A) $(\boldsymbol{\alpha}_1,\boldsymbol{\alpha}_2,\boldsymbol{\alpha}_3)\boldsymbol{x}=\boldsymbol{0}$

(B) $(\boldsymbol{\alpha}_1,\boldsymbol{\alpha}_2,\boldsymbol{\alpha}_4)\boldsymbol{x}=\boldsymbol{0}$

(C) $(\boldsymbol{\alpha}_1,\boldsymbol{\alpha}_3,\boldsymbol{\alpha}_4)\boldsymbol{x}=\boldsymbol{0}$

(D) $(\boldsymbol{\alpha}_2,\boldsymbol{\alpha}_3,\boldsymbol{\alpha}_4)\boldsymbol{x}=\boldsymbol{0}$

(2) 齐次线性方程组

$$\begin{cases}a_1x_1+a_2x_2+\cdots+a_nx_n=0,\\ b_1x_1+b_2x_2+\cdots+b_nx_n=0\end{cases}$$

的基础解系中含有 $n-1$ 个解向量,则(　　).

(A) $a_1=a_2=\cdots=a_n$

(B) $b_1=b_2=\cdots=b_n$

(C) $\begin{vmatrix}a_1 & a_2\\ b_1 & b_2\end{vmatrix}=0$

(D) $\dfrac{a_i}{b_i}=k(i=1,2,\cdots,n)$

2. 已知齐次线性方程组

$$\begin{cases}ax_1+x_2+x_3=0,\\ x_1+ax_2+x_3=0,\\ x_1+x_2+ax_3=0.\end{cases}$$

(1) 当 a 为何值时,该方程组有非零解?

(2) 当方程组有非零解时,求其基础解系和通解.

3. 已知 $\boldsymbol{A}=\begin{pmatrix}1 & 2 & 3 & 4\\ 2 & 3 & 4 & 5\end{pmatrix}$,求一个 4×2 矩阵 $\boldsymbol{B}$ 使得 $\boldsymbol{AB}=\boldsymbol{O}$,且 $R(\boldsymbol{B})=2$.

4. 求一个含有两个方程,四个未知数的齐次线性方程组,使它的基础解系为

$\boldsymbol{\xi}_1=(1,2,3,4)^{\mathrm{T}},\boldsymbol{\xi}_2=(2,3,4,5)^{\mathrm{T}}$.

5. 求线性方程组

$$(1)\begin{cases}x_1+x_2+x_3+x_4=0,\\3x_1+2x_2+x_3+x_4=0\end{cases}$$

与

$$(2)\begin{cases}x_2+2x_3+2x_4=0,\\5x_1+4x_2+3x_3+3x_4=0\end{cases}$$

的公共解.

6. 已知 $\boldsymbol{A}$ 为 $m\times n$ 矩阵,$\boldsymbol{B}$ 为 n 阶矩阵且 $\boldsymbol{Q}$ 为 n 阶可逆矩阵,试证明:若 $\boldsymbol{B}$ 的 n 个列向量是齐次线性方程组 $\boldsymbol{Ax}=\boldsymbol{0}$ 的一个基础解系,则 $\boldsymbol{BQ}$ 的 n 个列向量也是该方程组的一个基础解系.

同步练习 8(A)

学号________姓名________班序号________

主要内容:非齐次线性方程组的解的存在性,解的结构,求解及其应用.

1. 填空题

(1) 设 $\boldsymbol{A}$ 为 $m\times n$ 矩阵,则线性方程组 $\boldsymbol{Ax}=\boldsymbol{b}$ 有解的充分必要条件是__________.

(2) 设 $\boldsymbol{x}_1,\boldsymbol{x}_2,\cdots,\boldsymbol{x}_s$ 和 $k_1\boldsymbol{x}_1+k_2\boldsymbol{x}_2+\cdots+k_s\boldsymbol{x}_s$ 均为非齐次线性方程组 $\boldsymbol{Ax}=\boldsymbol{b}$ 的解($k_1,k_2,\cdots,k_s$ 为常数),则 $k_1+k_2+\cdots+k_s=$__________.

(3) 设 $\boldsymbol{A}=\begin{pmatrix}-1&1&1\\0&-2&0\\1&1&-1\end{pmatrix}$,$\boldsymbol{b}=\begin{pmatrix}a\\1\\1\end{pmatrix}$,已知线性方程组 $\boldsymbol{Ax}=\boldsymbol{b}$ 有两个不同的解,则 $a=$__________.

(4) 已知矩阵 $\boldsymbol{A}_{3\times4}$ 的秩 $R(\boldsymbol{A})=3$,非齐次线性方程组 $\boldsymbol{Ax}=\boldsymbol{b}$ 的两个解向量分别为 $\boldsymbol{\eta}_1,\boldsymbol{\eta}_2$,且 $\boldsymbol{\eta}_1=(1,2,3,4)^{\mathrm{T}}$,$\boldsymbol{\eta}_2=(2,3,4,5)^{\mathrm{T}}$,则 $\boldsymbol{Ax}=\boldsymbol{b}$ 的通解为__________.

2. 选择题

(1) 矩阵 $\boldsymbol{A}_{m\times n}$ 的秩 $R(\boldsymbol{A})=r$,则当(　　)成立时,非齐次线性方程组 $\boldsymbol{Ax}=\boldsymbol{b}$ 有解.

(A) $r=m$

(B) $r=n$

(C) $r=\min\{m,n\}$

(D) $m=n$

(2) 已知线性方程组 $\begin{cases}x_1+x_2+x_3=1,\\3x_1+2x_2+ax_3=2,\\2x_1+3x_2+4x_3=b\end{cases}$ 无解,则 a,b 满足(　　).

(A) $a\neq1,b=3$

(B) $a\neq1,b\neq3$

(C) $a=1,b=3$

(D) $a=1,b\neq3$

(3) 设有矩阵 $\boldsymbol{A}_{m\times n}(m\neq n)$,则结论

(a) 若 $m<n$,则 $\boldsymbol{Ax}=\boldsymbol{b}$ 有无穷多解;

(b) 若 $m<n$,则 $\boldsymbol{Ax}=\boldsymbol{0}$ 有非零解;

(c) 若 $\boldsymbol{Ax}=\boldsymbol{0}$ 只有零解,则 $\boldsymbol{Ax}=\boldsymbol{b}$ 有唯一解;

(d) 若 $\boldsymbol{Ax}=\boldsymbol{b}$ 无解,则 $\boldsymbol{Ax}=\boldsymbol{0}$ 只有零解;

(e) 若 $\boldsymbol{Ax}=\boldsymbol{b}$ 有无穷多解,则 $\boldsymbol{Ax}=\boldsymbol{0}$ 有非零解;

(f) 若 $\boldsymbol{Ax}=\boldsymbol{b}$ 有无穷多解,则 $\boldsymbol{Ax}=\boldsymbol{0}$ 只有零解.

中正确的有(　　).

(A) 1 个

(B) 2 个

(C) 3 个

(D) 4 个

3. 求解下列非齐次线性方程组.

(1) $\begin{cases}x_1-2x_2+3x_3-4x_4=3,\\x_1-2x_2+3x_3-3x_4=1,\\x_1-2x_2+3x_3-2x_4=-1.\end{cases}$

(2) $\begin{cases} x_1+x_2-2x_3+x_4=2, \\ x_1+2x_2+3x_3+3x_4=-1, \\ x_1+3x_2+8x_3+5x_4=-4. \end{cases}$

4. 当 k 为何值时,线性方程组

$$\begin{cases} x_1+x_2-2x_3+3x_4=0, \\ x_1 \quad -4x_3+x_4=1, \\ x_1-x_2-6x_3-x_4=k \end{cases}$$

有解?并在有解时,求其通解.

5. 已知线性方程组

$$\begin{cases} x_1+x_2+x_3+x_4=a, \\ 3x_1+2x_2+x_3+x_4=0, \\ x_2+2x_3+2x_4=b, \\ 5x_1+4x_2+3x_3+3x_4=2. \end{cases}$$

(1) 当 a,b 为何值时,方程组有解?

(2) 方程组有解时,写出它的通解.

同步练习 8(B)

学号________姓名________班序号________

主要内容:参见同步练习 8(A).

1. 已知矩阵 $\boldsymbol{A}_{3\times4}$ 的秩 $R(\boldsymbol{A})=2$,$\boldsymbol{\eta}_1,\boldsymbol{\eta}_2,\boldsymbol{\eta}_3$ 为非齐次线性方程组 $\boldsymbol{Ax}=\boldsymbol{b}$ 的三个线性无关的解向量,且

$$\boldsymbol{\eta}_1+\boldsymbol{\eta}_2=(1,2,3,2)^{\mathrm{T}},$$

$$\boldsymbol{\eta}_2+\boldsymbol{\eta}_3=(2,3,4,5)^{\mathrm{T}},$$

$$2\boldsymbol{\eta}_1+\boldsymbol{\eta}_3=(1,4,7,6)^{\mathrm{T}},$$

求方程组 $\boldsymbol{Ax}=\boldsymbol{b}$ 的通解.

2. 问当 a 为何值时,三个平面 $x+y-3z=1$,$x+2y-z=3$,$5x+8y-9z=a$ 交于一条直线,并求出该直线方程.

3. 已知 $\boldsymbol{\alpha}_1=\begin{pmatrix}1\\1\\2\\2\end{pmatrix}$,$\boldsymbol{\alpha}_2=\begin{pmatrix}1\\2\\1\\3\end{pmatrix}$,$\boldsymbol{\alpha}_3=\begin{pmatrix}1\\-1\\4\\0\end{pmatrix}$,$\boldsymbol{\beta}=\begin{pmatrix}1\\0\\3\\1\end{pmatrix}$,说明向量 $\boldsymbol{\beta}$ 可由向量组 $\boldsymbol{\alpha}_1,\boldsymbol{\alpha}_2,\boldsymbol{\alpha}_3$ 线性表示,并求出表示式.

4. 已知线性方程组

$$\begin{cases} x_1+x_2+x_3+x_4=-1, \\ 4x_1+3x_2+5x_3-x_4=-1, \\ ax_1+x_2+3x_3+bx_4=1 \end{cases}$$

有三个线性无关的解.

（1）证明方程组系数矩阵的秩为 2；

（2）求 a,b 的值及方程组的通解.

5. 已知

$$\boldsymbol{A}=\begin{pmatrix} 1 & a & 0 & 0 \\ 0 & 1 & a & 0 \\ 0 & 0 & 1 & a \\ a & 0 & 0 & 1 \end{pmatrix}, \boldsymbol{b}=\begin{pmatrix} 1 \\ -1 \\ 0 \\ 0 \end{pmatrix}, a \in \mathbf{R},$$

问当 a 为何值时，方程组 $\boldsymbol{Ax}=\boldsymbol{b}$ 有无穷多解，并求其通解.

6. 已知线性方程组

$$\begin{cases} x_1+2x_2-x_3+x_4=1, \\ 2x_1+3x_2+x_3+x_4=4, \\ x_1+3x_2-4x_3+2x_4=-1, \\ 2x_1+5x_2-5x_3+3x_4=0. \end{cases}$$

（1）求方程组的通解；

（2）求方程组满足 $x_3=x_4$ 的全部解.

第五章　矩阵的相似对角化

同步练习 9(A)

学号________姓名________班序号________

主要内容:矩阵的特征值与特征向量,矩阵的相似对角化.

1. 填空题

(1) 矩阵 $\boldsymbol{A}=\begin{pmatrix}0&0&1\\0&1&0\\1&0&0\end{pmatrix}$ 的特征值是__________.

(2) 若 $\boldsymbol{A}^2=\boldsymbol{A}$,则 $\boldsymbol{A}$ 的全部特征值为__________.

(3) 已知三阶矩阵 $\boldsymbol{A}$ 的特征值分别为 $1,0,-2$,则行列式 $|\boldsymbol{A}^2+\boldsymbol{A}+\boldsymbol{E}|=$__________.

2. 选择题

(1) 若 n 阶方阵 $\boldsymbol{A},\boldsymbol{B}$ 的特征值相同,则(　　).

(A) $|\boldsymbol{A}|=|\boldsymbol{B}|$

(B) $\boldsymbol{A}=\boldsymbol{B}$

(C) $\boldsymbol{A}$ 与 $\boldsymbol{B}$ 相似

(D) $\boldsymbol{A}$ 与 $\boldsymbol{B}$ 合同

(2) 已知 4 是可逆矩阵 $\boldsymbol{A}$ 的一个特征值,则矩阵 $\left(\frac{1}{3}\boldsymbol{A}\right)^{-1}$ 至少有一个特征值等于(　　).

(A) $\frac{4}{3}$　　(B) $\frac{3}{4}$

(C) $\frac{1}{4}$　　(D) $\frac{1}{6}$

(3) 若 $\boldsymbol{A}\sim\boldsymbol{B}$,则下列结论错误的是(　　).

(A) $\lambda\boldsymbol{E}-\boldsymbol{A}=\lambda\boldsymbol{E}-\boldsymbol{B}$

(B) $|\boldsymbol{A}|=|\boldsymbol{B}|$

(C) 存在可逆矩阵 $\boldsymbol{P}$,使得 $\boldsymbol{P}^{-1}\boldsymbol{A}\boldsymbol{P}=\boldsymbol{B}$

(D) $\mathrm{tr}(\boldsymbol{A})=\mathrm{tr}(\boldsymbol{B})$

(4) n 阶方阵 $\boldsymbol{A}$ 有 n 个不同的特征值是 $\boldsymbol{A}$ 与对角矩阵相似的(　　).

(A) 充分必要条件

(B) 必要而非充分条件

(C) 充分而非必要条件

(D) 既不充分也不必要条件

(5) 设 $\boldsymbol{p}_1,\boldsymbol{p}_2$ 是矩阵 $\boldsymbol{A}$ 的对应于特征值 λ 的特征向量,则以下结论正确的是(　　).

(A) $\boldsymbol{p}_1+\boldsymbol{p}_2$ 是 λ 对应的特征向量

(B) $2\boldsymbol{p}_1$ 是 λ 对应的特征向量

(C) $\boldsymbol{p}_1,\boldsymbol{p}_2$ 一定线性相关

(D) $\boldsymbol{p}_1,\boldsymbol{p}_2$ 一定线性无关

3. 求下列矩阵的特征值和对应于特征值的全部特征向量.

(1) $\boldsymbol{A}=\begin{pmatrix}2&-1&2\\5&-3&3\\-1&0&-2\end{pmatrix}$;

（2）$\boldsymbol{A}=\begin{pmatrix}3&1&0\\-4&-1&0\\-8&-4&-1\end{pmatrix}$.

4. 已知矩阵 $\boldsymbol{A}=\begin{pmatrix}1&2&2\\1&2&-1\\-1&1&4\end{pmatrix}$,求可逆矩阵 $\boldsymbol{P}$,使 $\boldsymbol{P}^{-1}\boldsymbol{A}\boldsymbol{P}=\boldsymbol{\Lambda}$,其中 $\boldsymbol{\Lambda}$ 为对角矩阵.

5. 设三阶矩阵 $\boldsymbol{A}$ 的特征值 $\lambda_1=1,\lambda_2=0,\lambda_3=-1$,对应的特征向量为

$$\boldsymbol{p}_1=\begin{pmatrix}1\\2\\2\end{pmatrix},\boldsymbol{p}_2=\begin{pmatrix}2\\-2\\1\end{pmatrix},\boldsymbol{p}_3=\begin{pmatrix}-2\\-1\\2\end{pmatrix},$$

求矩阵 $\boldsymbol{A}$.

6. 若矩阵 $\boldsymbol{A}=\begin{pmatrix}2&2&0\\8&2&a\\0&0&6\end{pmatrix}$ 相似于对角矩阵 $\boldsymbol{\Lambda}$,试确定常数 a 的值,并求可逆矩阵 $\boldsymbol{P}$,使 $\boldsymbol{P}^{-1}\boldsymbol{A}\boldsymbol{P}=\boldsymbol{\Lambda}$.

同步练习 9(B)

学号________姓名________班序号________

主要内容:参见同步练习 9(A).

1. 填空题

(1) 已知 $\boldsymbol{A}$ 为 n 阶方阵,且 $\boldsymbol{A}^m=\boldsymbol{O}$(存在正整数 m),则 $\boldsymbol{A}$ 的特征值为__________.

(2) 已知三阶矩阵 $\boldsymbol{A}$ 与 $\boldsymbol{B}$ 相似,且 $\boldsymbol{A}$ 的特征值为$\frac{1}{2},\frac{1}{3},\frac{1}{4}$,则 $|\boldsymbol{B}^{-1}-\boldsymbol{E}|=$__________.

(3) 已知二阶矩阵 $\boldsymbol{A}$ 满足 $\boldsymbol{A}^2-3\boldsymbol{A}-4\boldsymbol{E}=\boldsymbol{O}$,则 $\boldsymbol{A}$ 的特征值为__________.

2. 选择题

(1) 设 $\boldsymbol{A}$ 为 n 阶方阵,且 $\boldsymbol{A}^2=\boldsymbol{E}$,则(　　).

(A) $|\boldsymbol{A}|=1$

(B) $\boldsymbol{A}$ 的特征值都是 1

(C) $R(\boldsymbol{A})=n$

(D) $\boldsymbol{A}$ 一定是对称矩阵

(2) 若 $\boldsymbol{p}_1,\boldsymbol{p}_2$ 分别是方阵 $\boldsymbol{A}$ 的两个不同的特征值对应的特征向量,则 $k_1\boldsymbol{p}_1+k_2\boldsymbol{p}_2$ 也是 $\boldsymbol{A}$ 的特征向量的充分条件是(　　).

(A) $k_1=0$ 且 $k_2=0$

(B) $k_1\neq0$ 且 $k_2\neq0$

(C) $k_1k_2=0$

(D) $k_1\neq0$ 且 $k_2=0$

(3) 设 $\boldsymbol{A}$ 为 n 阶可逆矩阵,λ 是 $\boldsymbol{A}$ 的特征值,则 $\boldsymbol{A}^*$ 的特征值之一是(　　).

(A) $\lambda^{-1}|\boldsymbol{A}|^n$

(B) $\lambda^{-1}|\boldsymbol{A}|$

(C) $\lambda|\boldsymbol{A}|$

(D) $\lambda|\boldsymbol{A}|^n$

(4) 若 n 阶方阵 $\boldsymbol{A}$ 与某对角矩阵相似,则(　　).

(A) $R(\boldsymbol{A})=n$

(B) $\boldsymbol{A}$ 有 n 个不同的特征值

(C) $\boldsymbol{A}$ 有 n 个线性无关的特征向量

(D) $\boldsymbol{A}$ 必为对称矩阵

(5) 若 $\lambda=2$ 是可逆矩阵 $\boldsymbol{A}$ 的一个特征值,则下列选项中一定为矩阵 $(2\boldsymbol{A}^2)^{-1}$ 的特征值的是(　　).

(A) 2　　(B) $\frac{1}{4}$

(C) $\frac{1}{2}$　　(D) $\frac{1}{8}$

3. 已知矩阵 $\boldsymbol{A}=\begin{pmatrix}-3&0&2\\0&-3&2\\2&2&4\end{pmatrix}$,求可逆矩阵 $\boldsymbol{P}$ 和对角矩阵 $\boldsymbol{\Lambda}$,使 $\boldsymbol{P}^{-1}\boldsymbol{A}\boldsymbol{P}=\boldsymbol{\Lambda}$.

4. 已知矩阵 $\boldsymbol{A}=\begin{pmatrix}1 & 2 & -3\\ -1 & 4 & -3\\ 1 & a & 5\end{pmatrix}$ 的特征方程有一个二重根，求 a 的值，并讨论 $\boldsymbol{A}$ 是否可相似对角化.

5. 设矩阵 $\boldsymbol{A}=\begin{pmatrix}1 & -2 & -4\\ -2 & x & -2\\ -4 & -2 & 1\end{pmatrix}$ 与 $\boldsymbol{B}=\begin{pmatrix}5 & 0 & 0\\ 0 & -4 & 0\\ 0 & 0 & y\end{pmatrix}$ 相似，求：

(1) x,y;

(2) 一个正交矩阵 $\boldsymbol{P}$，使 $\boldsymbol{P}^{-1}\boldsymbol{A}\boldsymbol{P}=\boldsymbol{B}$.

6. 已知 $\boldsymbol{A}$ 为 3 阶实对称矩阵，且满足 $\boldsymbol{A}^2-3\boldsymbol{A}=\boldsymbol{O}$ 和 $R(\boldsymbol{A})=2$，试求 $\boldsymbol{A}$ 的全部特征值.

同步练习 10(A)

学号________姓名________班序号________

主要内容:单位正交向量组,正交矩阵与正交变换,实对称矩阵的正交相似对角化.

1. 填空题

(1) 设向量 $\boldsymbol{\alpha}_1=(1,s,4)^{\mathrm{T}}$ 与 $\boldsymbol{\alpha}_2=(2,0,5)^{\mathrm{T}}$ 正交,则 $s=$__________.

(2) 设 $\boldsymbol{\alpha}_1,\boldsymbol{\alpha}_2$ 分别是属于实对称矩阵 $\boldsymbol{A}$ 的两个互异特征值 λ_1,λ_2 的特征向量,则 $\boldsymbol{\alpha}_1^{\mathrm{T}}\boldsymbol{\alpha}_2=$__________.

(3) 已知 4 阶方阵 $\boldsymbol{A}$ 有特征值 0,1,2,3,则齐次线性方程组 $\boldsymbol{Ax}=\boldsymbol{0}$ 的基础解系中所含解向量个数为__________.

(4) 设矩阵 $\boldsymbol{A}=\begin{pmatrix}0&2&0\\1&\lambda&0\\0&1&2\end{pmatrix}$,且已知 $\boldsymbol{A}$ 的特征值是 1,则 $\lambda=$__________.

2. 选择题

(1) 矩阵 $\boldsymbol{A}$ 的属于不同特征值的特征向量(　　).

(A) 必线性相关

(B) 必两两正交

(C) 必线性无关

(D) 其和仍是特征向量

(2) 设 n 阶矩阵 $\boldsymbol{A},\boldsymbol{B}$ 有共同的特征值,且各自有 n 个线性无关的特征向量,则(　　).

(A) $\boldsymbol{A}=\boldsymbol{B}$

(B) $\boldsymbol{A}\neq\boldsymbol{B}$,但 $|\boldsymbol{A}-\boldsymbol{B}|=0$

(C) $\boldsymbol{A}\sim\boldsymbol{B}$

(D) $\boldsymbol{A}$ 与 $\boldsymbol{B}$ 不一定相似,但 $|\boldsymbol{A}|=|\boldsymbol{B}|$

(3) 设 n 阶方阵 $\boldsymbol{A}$ 的特征值全不为零,则(　　).

(A) $R(\boldsymbol{A})=n$

(B) $R(\boldsymbol{A})\neq n$

(C) $R(\boldsymbol{A})\leqslant n$

(D) $R(\boldsymbol{A})<n$

(4) 设 n 阶矩阵 $\boldsymbol{A}$ 与 $\boldsymbol{B}$ 相似,则(　　).

(A) 存在非奇异矩阵 $\boldsymbol{P}$,使 $\boldsymbol{P}^{-1}\boldsymbol{AP}=\boldsymbol{B}$

(B) 存在对角矩阵 $\boldsymbol{\Lambda}$,使 $\boldsymbol{A}$ 与 $\boldsymbol{B}$ 都相似于 $\boldsymbol{\Lambda}$

(C) 存在非奇异矩阵 $\boldsymbol{P}$,使 $\boldsymbol{P}^{\mathrm{T}}\boldsymbol{AP}=\boldsymbol{B}$

(D) $\boldsymbol{A}$ 与 $\boldsymbol{B}$ 有相同的特征向量

3. 试将向量组 $\boldsymbol{\alpha}_1=\begin{pmatrix}1\\2\\0\end{pmatrix},\boldsymbol{\alpha}_2=\begin{pmatrix}-1\\0\\2\end{pmatrix},\boldsymbol{\alpha}_3=\begin{pmatrix}0\\1\\2\end{pmatrix}$ 标准正交化.

4. 试求正交矩阵 $\boldsymbol{Q}$,使 $\boldsymbol{Q}^{\mathrm{T}}\boldsymbol{A}\boldsymbol{Q}=\boldsymbol{Q}^{-1}\boldsymbol{A}\boldsymbol{Q}=\boldsymbol{\Lambda}$ 为对角矩阵,其中 $\boldsymbol{A}=\begin{pmatrix}2&2&-2\\2&5&-4\\-2&-4&5\end{pmatrix}$.

5. 已知 $\boldsymbol{P}=\begin{pmatrix}2&-1\\3&-2\end{pmatrix}$,且 $\boldsymbol{P}^{-1}\boldsymbol{A}\boldsymbol{P}=\boldsymbol{\Lambda}=\begin{pmatrix}-1&0\\0&2\end{pmatrix}$. 试求:

(1) $\boldsymbol{A}$;(2) $\boldsymbol{A}^{k}$.

6. 设矩阵 $\boldsymbol{A}=\begin{pmatrix}1&1&t\\1&t&1\\t&1&1\end{pmatrix}$,$\boldsymbol{b}=\begin{pmatrix}1\\1\\-2\end{pmatrix}$,已知线性方程组 $\boldsymbol{A}\boldsymbol{x}=\boldsymbol{b}$ 有解但不唯一,试求:

(1) t 的值;

(2) 正交矩阵 $\boldsymbol{Q}$,使 $\boldsymbol{Q}^{\mathrm{T}}\boldsymbol{A}\boldsymbol{Q}$ 为对角矩阵.

同步练习 10(B)

学号________姓名________班序号________

主要内容:参见同步练习 10(A).

1. 选择题

(1) 若矩阵 $\boldsymbol{A}$ 相似于矩阵 $\boldsymbol{B}$,则(　　).

(A) $\lambda\boldsymbol{E}-\boldsymbol{A}=\lambda\boldsymbol{E}-\boldsymbol{B}$

(B) $|\lambda\boldsymbol{E}-\boldsymbol{A}|=|\lambda\boldsymbol{E}-\boldsymbol{B}|$

(C) $\boldsymbol{A}$ 及 $\boldsymbol{B}$ 与同一对角矩阵相似

(D) $\boldsymbol{A}$ 和 $\boldsymbol{B}$ 有相同的伴随矩阵

(2) 设 $\boldsymbol{p}$ 是可逆矩阵 $\boldsymbol{A}$ 的一个特征向量,则下列结论不正确的是(　　).

(A) $\boldsymbol{p}$ 是 $\boldsymbol{A}^{-1}$ 的一个特征向量

(B) $\boldsymbol{p}$ 是 $\boldsymbol{A}^{*}$ 的一个特征向量

(C) $\boldsymbol{p}$ 是 $\boldsymbol{A}^{\mathrm{T}}$ 的一个特征向量

(D) $\boldsymbol{p}$ 是 $c_0\boldsymbol{E}+c_1\boldsymbol{A}+\cdots+c_k\boldsymbol{A}^k$ 的一个特征向量,其中 $c_0,c_1,\cdots,c_k$ 是任意常数

2. 将向量组 $\boldsymbol{\alpha}_1=\begin{pmatrix}1\\1\\1\end{pmatrix},\boldsymbol{\alpha}_2=\begin{pmatrix}1\\-2\\-3\end{pmatrix},\boldsymbol{\alpha}_3=\begin{pmatrix}-1\\2\\-2\end{pmatrix}$ 标准正交化.

3. 已知矩阵 $\boldsymbol{A}=\begin{pmatrix}3&-2&0\\-2&2&-2\\0&-2&1\end{pmatrix}$,试求正交矩阵 $\boldsymbol{P}$ 和对角矩阵 $\boldsymbol{\Lambda}$,使 $\boldsymbol{P}^{-1}\boldsymbol{A}\boldsymbol{P}=\boldsymbol{P}^{\mathrm{T}}\boldsymbol{A}\boldsymbol{P}=\boldsymbol{\Lambda}$.

4. 已知矩阵 $\boldsymbol{A}=\begin{pmatrix} a & 0 & b \\ 0 & 2 & 0 \\ b & 0 & -2 \end{pmatrix}$ 的特征值之和为 1，特征值之积为-12.

（1）求 a,b 的值；

（2）求一个正交矩阵 $\boldsymbol{P}$，使 $\boldsymbol{P}^{\mathrm{T}}\boldsymbol{A}\boldsymbol{P}=\boldsymbol{\Lambda}$，其中 $\boldsymbol{\Lambda}$ 为对角矩阵.

5. 已知向量

$\boldsymbol{\alpha}=(a_1,a_2,\cdots,a_n)^{\mathrm{T}},\boldsymbol{\beta}=(b_1,b_2,\cdots,b_n)^{\mathrm{T}}$ 都是非零向量，且满足条件 $\boldsymbol{\alpha}^{\mathrm{T}}\boldsymbol{\beta}=0$. 令 $\boldsymbol{A}=\boldsymbol{\alpha}\boldsymbol{\beta}^{\mathrm{T}}$. 试求：

（1）$\boldsymbol{A}^2$；

（2）矩阵 $\boldsymbol{A}$ 的特征值和特征向量.

6. 设 n 阶方阵 $\boldsymbol{A}$ 是正交矩阵，证明 $\boldsymbol{A}$ 的伴随矩阵 $\boldsymbol{A}^*$ 也是正交矩阵.

第六章　二　次　型

同步练习 11(A)

学号________姓名________班序号________

主要内容:二次型及其标准形,化二次型为标准形.

1. 填空题

(1) 二次型

$f(x_1,x_2,x_3)=8x_1^2+6x_2^2+x_3^2+2x_1x_2+4x_1x_3-4x_2x_3$ 的矩阵是__________.

(2) 二次型 $f(x_1,x_2)=x_1^2+8x_1x_2+3x_2^2$ 的矩阵为__________.

(3) 二次型 $f(x_1,x_2,x_3)=2x_1x_2+4x_2x_3+2x_3^2$ 的秩为__________.

(4) 设 $\boldsymbol{A}=\begin{pmatrix}1 & 1\\ 1 & 1\end{pmatrix}$ 是二次型 $f(x_1,x_2)$ 的矩阵,则二次型 $f(x_1,x_2)=$ __________,其标准形 $f(y_1,y_2)=$ __________.

(5) 设二次型 $f(x_1,x_2,x_3)=\boldsymbol{x}^{\mathrm{T}}\boldsymbol{A}\boldsymbol{x}$ 经正交变换化为标准形 $2y_1^2+5y_2^2+3y_3^2$,则矩阵 $\boldsymbol{A}$ 的最小特征值为__________.

2. 写出下列矩阵对应的二次型.

(1) $\boldsymbol{A}=\begin{pmatrix}2 & 1 & 2\\ 1 & 0 & -2\\ 2 & -2 & 0\end{pmatrix}$;

(2) $\boldsymbol{A}=\begin{pmatrix}0 & 2 & -3\\ 2 & 0 & -1\\ -3 & -1 & 0\end{pmatrix}$;

(3) $\boldsymbol{A}=\begin{pmatrix}1 & 0 & 2\\ 0 & 2 & 1\\ 2 & 1 & -2\end{pmatrix}$;

(4) $\boldsymbol{A}=\begin{pmatrix}5 & 10 & 0\\ 10 & -10 & -5\\ 0 & -5 & 15\end{pmatrix}$.

3. 已知二次型

$$f(x_1,x_2,x_3)$$
$$=2x_1^2+2x_2^2+bx_3^2-2x_1x_2+6x_1x_3-6x_2x_3$$

的秩为 2,求参数 b.

4. 将下列 3 元二次型通过正交变换化成标准形.

(1) $f(x_1,x_2,x_3)$
$=4x_1^2+4x_2^2+2x_3^2+4x_1x_2+8x_1x_3+8x_2x_3$;

(2) $f(x_1,x_2,x_3)=3x_1^2+6x_2^2-6x_3^2+12x_1x_3$.

同步练习 11(B)

学号________姓名________班序号________

主要内容:参见同步练习 11(A).

1. 填空题

(1) 二次型

$f(x_1,x_2,x_3,x_4)$
$=4x_1^2+4x_2^2+2x_3^2+2x_4^2+$
$4x_1x_2+8x_1x_3+6x_1x_4+8x_2x_3+7x_2x_4$

的矩阵为__________.

(2) 设 4 阶实对称矩阵 $\boldsymbol{A}$ 的特征值分别为 3,6,8,5,则实二次型 $f(x_1,x_2,x_3,x_4)=\boldsymbol{x}^{\mathrm{T}}\boldsymbol{A}\boldsymbol{x}$ 的标准形为__________.

2. 求下列二次型的秩.

(1) $f(x_1,x_2,x_3)=x_1^2+x_2^2+x_3^2+8x_1x_2+8x_1x_3+8x_2x_3$;

(2) $f(x_1,x_2,x_3)=4x_1^2+6x_2^2+6x_3^2+8x_2x_3$.

3. 写出矩阵 $\boldsymbol{A}=\begin{pmatrix}1&0&3&0\\0&3&0&7\\3&0&5&1\\0&7&1&4\end{pmatrix}$ 对应的二次型.

4. 设 4 元二次型

$f(x_1,x_2,x_3,x_4)=4x_3^2+yx_4^2+4x_1x_2+4x_3x_4$

的矩阵 $\boldsymbol{A}$ 的其中一个特征值 $\lambda=6$,试求 y 的值.

5. 已知二次型

$$f(x_1,x_2,x_3) = 2x_1^2+2x_2^2+2x_3^2+4ax_1x_2+4x_1x_3+4bx_2x_3$$

经正交变换 $\boldsymbol{x}=\boldsymbol{P}\boldsymbol{y}$ 化成 $f(\boldsymbol{y})=2y_2^2+4y_3^2$，其中 $\boldsymbol{x}=(x_1,x_2,x_3)^{\mathrm{T}}$ 和 $\boldsymbol{y}=(y_1,y_2,y_3)^{\mathrm{T}}$ 分别为3维向量，$\boldsymbol{P}$ 是3阶正交矩阵，试求常数 a,b 的值及所用的正交矩阵 $\boldsymbol{P}$.

6. 求二次型 $f(x_1,x_2,x_3)=-8x_1x_2+4x_1x_3+4x_2x_3$ 经可逆线性变换

$$\begin{cases} x_1=y_1+y_2+0.5y_3, \\ x_2=y_1-y_2+0.5y_3, \\ x_3=\qquad\qquad\quad y_3 \end{cases}$$

所得的二次型的标准形.

7. 设二次型 $f(x_1,x_2)=x_1^2-4x_1x_2+4x_2^2$ 经正交变换 $\boldsymbol{x}=\boldsymbol{Q}\boldsymbol{y}$ 化为 $f(y_1,y_2)=ay_1^2+4y_1y_2+by_2^2$，其中 $a\geqslant b$.

(1) 求 a,b 的值；

(2) 求正交矩阵 $\boldsymbol{Q}$.

同步练习 12(A)

学号________姓名________班序号________

主要内容:二次型的惯性定理,正定二次型.

1. 填空题

(1) 二次型 $f(x_1,x_2,x_3)=2x_1x_2+2x_1x_3-x_2x_3$ 的正惯性指数为__________.

(2) 二次型 $f(x_1,x_2,x_3,x_4)=x_1^2+3x_2^2+3x_3^2+5x_4^2$ 的符号差为__________.

(3) 二次型 $f(x,y,z,t)=3x^2+2y^2-4z^2+t^2$ 的规范形为__________.

(4) 设 3 阶实对称矩阵 $\boldsymbol{A}$ 的特征值为 $-1,-2,-3$,则二次型 $f(x_1,x_2,x_3)=\boldsymbol{x}^{\mathrm{T}}\boldsymbol{A}\boldsymbol{x}$ 是__________定的.

(5) 已知 $\boldsymbol{A}=\begin{pmatrix}2&1&0\\1&c&0\\0&0&c^2\end{pmatrix}$ 是正定矩阵,则 c 满足条件__________.

(6) 二次型 $f(x_1,x_2)=3x_1x_2$ 的负惯性指数为__________.

2. 判断下列二次型的正定性.

(1) $f(x_1,x_2,x_3)=2x_1^2+6x_2^2+4x_3^2-2x_1x_2-4x_1x_3$;

(2) $f(x_1,x_2,x_3)=x_1^2+2x_2^2+2x_1x_2-2x_1x_3$;

(3) $f(x_1,x_2,x_3)=5x_1^2+6x_2^2+4x_3^2-4x_1x_2-4x_1x_3$.

3. 已知二次型

$$f(x_1,x_2,x_3)=6x_1^2+3x_2^2+3x_3^2+6x_1x_2-6cx_2x_3$$

为实正定二次型,试确定 c 满足的条件.

4. 已知二次型

$$f(x_1,x_2,x_3)=2x_1^2+4x_2^2+tx_3^2+4x_1x_2,$$

问当 t 取何值时此二次型的正惯性指数为 3?

同步练习 12(B)

学号________姓名________班序号________

主要内容:参见同步练习 12(A).

1. 填空题

(1) 设实二次型$f(x_1,x_2,x_3,x_4,x_5)$的秩为 5,正惯性指数为 4,则其规范形为__________.

(2) 设 $\boldsymbol{P}$ 是 n 阶正定矩阵,则方程组 $\boldsymbol{Px}=\boldsymbol{0}$ 的解的集合为__________.

2. 判断下列 3 元二次型的正定性,并求出正惯性指数.

(1) $f(x_1,x_2,x_3)$
$=2x_1^2+2x_2^2+2x_3^2-2x_1x_2+2x_1x_3+2x_2x_3$;

(2) $f(x_1,x_2,x_3)$
$=-2x_1^2-2x_2^2-x_3^2-2x_1x_2-4x_1x_3-4x_2x_3$;

(3) $f(x_1,x_2,x_3)=3x_1^2+6x_2^2-6x_3^2+12x_1x_3$.

3. 已知二次型

$f(x_1,x_2,x_3)$

$=3x_1^2+12x_2^2+12x_3^2+6cx_1x_2-6x_1x_3+12x_2x_3.$

(1) 问 c 为何值时,$f(x_1,x_2,x_3)$ 为正定二次型;

(2) 当 $c=\frac{1}{2}$ 时,求 $f(x_1,x_2,x_3)$ 的正惯性指数 a 和负惯性指数 b.

4. 已知二次型

$f(x_1,x_2,x_3)=ax_1^2+ax_2^2+(a-1)x_3^2+2x_1x_3-2x_2x_3$,

(1) 求 $f(x_1,x_2,x_3)$ 的矩阵的所有特征值;

(2) 若二次型 $f(x_1,x_2,x_3)$ 的规范形为 $y_1^2+y_2^2$,求 a 的值.

5. 已知二次型 $f(x_1,x_2,x_3)=\boldsymbol{x}^{\mathrm{T}}\boldsymbol{A}\boldsymbol{x}$ 在正交变换 $\boldsymbol{x}=\boldsymbol{P}\boldsymbol{y}$ 下的标准形为 $y_1^2+y_2^2$,且 $\boldsymbol{P}$ 的第 3 列为 $\left(\frac{\sqrt{2}}{2},0,\frac{\sqrt{2}}{2}\right)^{\mathrm{T}}$.

(1) 求矩阵 $\boldsymbol{A}$.

(2) 证明 $\boldsymbol{A}+\boldsymbol{E}$ 是正定矩阵,其中 $\boldsymbol{E}$ 为 3 阶单位矩阵.

综合测试(一)

一、填空题

1. 设 $\boldsymbol{A}$ 是3阶方阵,且 $|\boldsymbol{A}|=3$,则 $\left|\frac{1}{2}\boldsymbol{A}^{-1}\right|=$________.

2. 设矩阵 $\boldsymbol{A}=\begin{pmatrix}2&1&0\\5&3&0\\0&0&2\end{pmatrix}$,则 $\boldsymbol{A}^{-1}=$

________.

3. 设向量 $\boldsymbol{\alpha}_1=\begin{pmatrix}2\\0\\k+1\end{pmatrix}$,$\boldsymbol{\alpha}_2=\begin{pmatrix}0\\k-4\\1\end{pmatrix}$,$\boldsymbol{\alpha}_3=\begin{pmatrix}0\\0\\3\end{pmatrix}$,

若 $\boldsymbol{\alpha}_1,\boldsymbol{\alpha}_2,\boldsymbol{\alpha}_3$ 线性相关,则 $k=$________.

4. 设 $\boldsymbol{A}=(a_{ij})_{4\times6}$,其秩 $R(\boldsymbol{A})=2$,则齐次方程组 $\boldsymbol{Ax}=\boldsymbol{0}$ 的基础解系中解向量的个数为________.

5. 设 $\boldsymbol{A}$ 为 n 阶矩阵,满足 $\boldsymbol{A}^2-3\boldsymbol{A}-5\boldsymbol{E}=\boldsymbol{O}$,则 $(\boldsymbol{A}+\boldsymbol{E})^{-1}=$________.

6. 二次型

$f(x_1,x_2,x_3)=x_1^2-4x_2^2+3x_3^2-4x_1x_2+2x_1x_3$

的矩阵为________.

7. 设 $\boldsymbol{A}=\begin{pmatrix}1&0&3\\0&3&0\\3&0&-1\end{pmatrix}$,$\boldsymbol{B}$ 为 5×3 矩阵,其秩 $R(\boldsymbol{B})=2$,则 $R(\boldsymbol{AB})=$________.

二、选择题

1. 设 $\boldsymbol{A},\boldsymbol{B},\boldsymbol{C}$ 为 n 阶矩阵,且 $|\boldsymbol{A}|\neq0$,$|\boldsymbol{B}|\neq0$,则下列结论中可能错误的是(　　).

(A) 若 $\boldsymbol{AB}=\boldsymbol{AC}$,则 $\boldsymbol{B}=\boldsymbol{C}$

(B) $|\boldsymbol{AB}|=|\boldsymbol{A}||\boldsymbol{B}|$

(C) $(\boldsymbol{AB})^{-1}=\boldsymbol{B}^{-1}\boldsymbol{A}^{-1}$

(D) $(\boldsymbol{A}+\boldsymbol{B})(\boldsymbol{A}-\boldsymbol{B})=\boldsymbol{A}^2-\boldsymbol{B}^2$

2. 设 $\boldsymbol{A}$ 为 n 阶不可逆矩阵,则(　　).

(A) $\boldsymbol{A}$ 的特征值全为0

(B) $|\boldsymbol{A}|=0$

(C) $\boldsymbol{A}$ 为满秩矩阵

(D) $\boldsymbol{A}$ 必有两行对应成比例

3. 若矩阵 $\boldsymbol{A}$ 与 $\boldsymbol{B}$ 相似,则以下不成立的是(　　).

(A) $\boldsymbol{A},\boldsymbol{B}$ 有相同的特征值

(B) $|\lambda\boldsymbol{E}-\boldsymbol{A}|=|\lambda\boldsymbol{E}-\boldsymbol{B}|$

(C) $\boldsymbol{A},\boldsymbol{B}$ 有相同的特征向量

(D) $\mathrm{tr}(\boldsymbol{A})=\mathrm{tr}(\boldsymbol{B})$

4. 设向量组 $\boldsymbol{\alpha}_1,\boldsymbol{\alpha}_2,\cdots,\boldsymbol{\alpha}_s$ 线性无关,则必有(　　)

(A) 向量组 $\boldsymbol{\alpha}_1,\boldsymbol{\alpha}_2,\cdots,\boldsymbol{\alpha}_{s-1}$ 线性无关

(B) 向量组 $\boldsymbol{\alpha}_1,\boldsymbol{\alpha}_2,\cdots,\boldsymbol{\alpha}_{s-1}$ 线性相关

(C) 向量组 $\boldsymbol{\alpha}_1,\boldsymbol{\alpha}_2,\cdots,\boldsymbol{\alpha}_{s+1}$ 线性无关

(D) 向量组 $\boldsymbol{\alpha}_1,\boldsymbol{\alpha}_2,\cdots,\boldsymbol{\alpha}_{s+1}$ 线性相关

5. 设 $\boldsymbol{A}$ 为3阶方阵,$\boldsymbol{A}$ 的特征值为2,-3,5,则下列矩阵中可逆的是(　　).

(A) $2\boldsymbol{E}-\boldsymbol{A}$　　(B) $\boldsymbol{A}+3\boldsymbol{E}$

(C) $\boldsymbol{A}-5\boldsymbol{E}$　　(D) $\boldsymbol{A}-3\boldsymbol{E}$

6. 设 $\boldsymbol{A}$ 为 n 阶方阵,其秩 $R(\boldsymbol{A})=r<n$,则在 $\boldsymbol{A}$ 的 n 个行向量中(　　).

(A) 必有 r 个行向量线性无关

(B) 任意 r 个行向量线性无关

(C) 任意 r 个行向量是 $\boldsymbol{A}$ 的行向量组的一个最大无关组

(D) 每一个行向量均可由其他 r 个行向量线性表示

三、计算行列式 $D_n=\begin{vmatrix} b & a & \cdots & a \\ a & b & \cdots & a \\ \vdots & \vdots & & \vdots \\ a & a & \cdots & b \end{vmatrix}$.

四、已知矩阵 $\boldsymbol{X}$ 满足 $\boldsymbol{AX}=\boldsymbol{B}+2\boldsymbol{X}$,其中

$$\boldsymbol{A}=\begin{pmatrix} 3 & -1 & 1 \\ 2 & 3 & 0 \\ 2 & 1 & 3 \end{pmatrix},\quad \boldsymbol{B}=\begin{pmatrix} 1 & 1 \\ 1 & -1 \\ 2 & 3 \end{pmatrix},$$

求矩阵 $\boldsymbol{X}$.

五、求向量组

$$\boldsymbol{\alpha}_1=\begin{pmatrix} 1 \\ 3 \\ 1 \\ 1 \end{pmatrix},\boldsymbol{\alpha}_2=\begin{pmatrix} -1 \\ -1 \\ 1 \\ 3 \end{pmatrix},\boldsymbol{\alpha}_3=\begin{pmatrix} 5 \\ 8 \\ -2 \\ -9 \end{pmatrix},\boldsymbol{\alpha}_4=\begin{pmatrix} -1 \\ 1 \\ 3 \\ 9 \end{pmatrix}$$

的秩和一个最大线性无关组,并将剩余向量用该最大线性无关组表示出来.

六、已知线性方程组

$$\begin{cases} x_1 - x_2 + x_3 + 2x_4 = 2, \\ 2x_1 + x_2 - x_3 + 7x_4 = 10, \\ 6x_1 - 3x_2 + 3x_3 + 15x_4 = a. \end{cases}$$

(1) 问当 a 为何值时,方程组有解?

(2) 当方程组有解时,求出其全部解.

七、已知矩阵 $\boldsymbol{A} = \begin{pmatrix} -3 & 0 & 2 \\ 0 & -3 & 2 \\ 2 & 2 & 4 \end{pmatrix}$,

(1) 判定 $\boldsymbol{A}$ 是否可与对角矩阵相似,说明理由;

(2) 若 $\boldsymbol{A}$ 可与对角矩阵相似,求对角矩阵 $\boldsymbol{\Lambda}$ 和可逆矩阵 $\boldsymbol{P}$,使 $\boldsymbol{P}^{-1}\boldsymbol{A}\boldsymbol{P} = \boldsymbol{\Lambda}$.

八、设 n 阶方阵 $\boldsymbol{A}$ 是正交矩阵,证明 $\boldsymbol{A}$ 的伴随矩阵 $\boldsymbol{A}^*$ 也是正交矩阵.

综合测试(二)

一、填空题

1. 设 $\boldsymbol{A},\boldsymbol{B}$ 均为 n 阶矩阵，$|\boldsymbol{A}|=2$，$|\boldsymbol{B}|=-3$，则 $|2\boldsymbol{A}^*\boldsymbol{B}^{\mathrm{T}}|=$________.

2. 设矩阵 $\boldsymbol{A}=\begin{pmatrix}-4&0&0\\0&3&2\\0&1&1\end{pmatrix}$，则 $\boldsymbol{A}^{-1}=$________.

3. 设向量 $\boldsymbol{\alpha}=\begin{pmatrix}2\\0\\0\end{pmatrix}$，$\boldsymbol{\beta}=\begin{pmatrix}a^2-4\\a-2\\0\end{pmatrix}$，$\boldsymbol{\gamma}=\begin{pmatrix}6\\-9\\3\end{pmatrix}$ 线性相关，则 $a=$________.

4. 设 $\boldsymbol{A}$ 为 n 阶矩阵，满足 $\boldsymbol{A}^2+\boldsymbol{A}-7\boldsymbol{E}=\boldsymbol{O}$，则 $(\boldsymbol{A}-2\boldsymbol{E})^{-1}=$________.

5. 当 $\lambda=$________时，齐次方程组 $\begin{cases}x_1-x_2+2x_3=0,\\2x_1+\lambda x_2+3x_3=0,\\2x_1-2x_2+3x_3=0\end{cases}$ 有非零解.

6. 设 $\boldsymbol{A},\boldsymbol{B}$ 均为 $n(n\geqslant3)$ 阶方阵，$\boldsymbol{Ax}=\boldsymbol{b}$ 只有一个解，$R(\boldsymbol{B})=3$，则 $R(\boldsymbol{AB})=$________.

7. 二次型

$f(x_1,x_2,x_3)=2x_1^2-6x_2^2+7x_3^2-2x_1x_2+4x_2x_3$ 的秩为________.

二、选择题

1. 若 $D=\begin{vmatrix}a_{11}&a_{12}&a_{13}\\a_{21}&a_{22}&a_{23}\\a_{31}&a_{32}&a_{33}\end{vmatrix}$，则 $\begin{vmatrix}a_{13}&3a_{12}&a_{11}\\2a_{23}&6a_{22}&2a_{21}\\a_{33}&3a_{32}&a_{31}\end{vmatrix}=($　　$)$.

(A) $5D$　　(B) $-5D$

(C) $6D$　　(D) $-6D$

2. 设 $\boldsymbol{A}$ 是 n 阶矩阵，s 是实数，则下列各式中成立的是(　　).

(A) $|s\boldsymbol{A}|=s|\boldsymbol{A}|$

(B) $|s\boldsymbol{A}|=|s|\cdot|\boldsymbol{A}|$

(C) $|s\boldsymbol{A}|=|s|^n\cdot|\boldsymbol{A}|$

(D) $|s\boldsymbol{A}|=s^n|\boldsymbol{A}|$

3. 对 n 阶矩阵 $\boldsymbol{A},\boldsymbol{B}$，下列各式中必然成立的是(　　).

(A) $(\boldsymbol{A}+\boldsymbol{B})(\boldsymbol{A}-\boldsymbol{B})=\boldsymbol{A}^2-\boldsymbol{B}^2$

(B) $(\boldsymbol{A}+\boldsymbol{B})^2=\boldsymbol{A}^2+\boldsymbol{AB}+\boldsymbol{BA}+\boldsymbol{B}^2$

(C) $(\boldsymbol{A}-\boldsymbol{B})^2=\boldsymbol{A}^2-2\boldsymbol{AB}+\boldsymbol{B}^2$

(D) $(\boldsymbol{A}+\boldsymbol{B})^2=\boldsymbol{A}^2+2\boldsymbol{AB}+\boldsymbol{B}^2$

4. 若 n 阶矩阵 $\boldsymbol{A}$ 与 $\boldsymbol{B}$ 相似，则下列结论中成立的是(　　).

(A) 存在可逆矩阵 $\boldsymbol{P}$，使 $\boldsymbol{P}^{-1}\boldsymbol{AP}=\boldsymbol{B}$

(B) 存在对角矩阵 $\boldsymbol{\Lambda}$，使 $\boldsymbol{A}$ 与 $\boldsymbol{B}$ 都相似于 $\boldsymbol{\Lambda}$

(C) $|\boldsymbol{A}|\neq|\boldsymbol{B}|$

(D) $\boldsymbol{A}-\lambda\boldsymbol{E}=\boldsymbol{B}-\lambda\boldsymbol{E}$

5. 设 $\lambda=2$ 是满秩矩阵 $\boldsymbol{A}$ 的一个特征值，则矩阵 $(5\boldsymbol{A})^{-1}$ 有一个特征值为(　　).

(A) 10　(B) $\dfrac{1}{10}$　(C) $\dfrac{2}{5}$　(D) $\dfrac{5}{2}$

6. 设向量组 $\boldsymbol{\alpha}_1,\boldsymbol{\alpha}_2,\cdots,\boldsymbol{\alpha}_s(s>2)$ 线性无关，且可由向量组 $\boldsymbol{\beta}_1,\boldsymbol{\beta}_2,\cdots,\boldsymbol{\beta}_s$ 线性表示，则以下结论中不成立的是(　　).

(A) 向量组 $\boldsymbol{\beta}_1,\boldsymbol{\beta}_2,\cdots,\boldsymbol{\beta}_s$ 线性无关

(B) 任取向量 $\boldsymbol{\alpha}_j$，向量组 $\boldsymbol{\alpha}_j,\boldsymbol{\beta}_2,\cdots,\boldsymbol{\beta}_s$ 线性相关

(C) 存在一个向量 $\boldsymbol{\alpha}_j$，使向量组 $\boldsymbol{\alpha}_j,\boldsymbol{\beta}_2,\cdots,\boldsymbol{\beta}_s$ 线性无关

(D) 向量组 $\boldsymbol{\alpha}_1,\boldsymbol{\alpha}_2,\cdots,\boldsymbol{\alpha}_s$ 与 $\boldsymbol{\beta}_1,\boldsymbol{\beta}_2,\cdots,\boldsymbol{\beta}_s$ 等价

三、计算行列式

$$D_n=\begin{vmatrix} x & y & 0 & \cdots & 0 & 0 \\ 0 & x & y & \cdots & 0 & 0 \\ 0 & 0 & x & \cdots & 0 & 0 \\ \vdots & \vdots & \vdots & & \vdots & \vdots \\ 0 & 0 & 0 & \cdots & x & y \\ y & 0 & 0 & \cdots & 0 & x \end{vmatrix}.$$

四、已知矩阵 $\boldsymbol{X}$ 满足 $\boldsymbol{AX}-\boldsymbol{B}=\boldsymbol{X}$,其中

$$\boldsymbol{A}=\begin{pmatrix} 0 & 1 & 0 \\ -1 & 1 & 1 \\ -1 & 0 & -1 \end{pmatrix},\boldsymbol{B}=\begin{pmatrix} 1 & 1 \\ 2 & 0 \\ 4 & 3 \end{pmatrix},$$

求矩阵 $\boldsymbol{X}$.

五、求向量组

$$\boldsymbol{\alpha}_1=\begin{pmatrix} 1 \\ 0 \\ 2 \\ 1 \end{pmatrix},\boldsymbol{\alpha}_2=\begin{pmatrix} 1 \\ 2 \\ 0 \\ 1 \end{pmatrix},\boldsymbol{\alpha}_3=\begin{pmatrix} 2 \\ 1 \\ 3 \\ 0 \end{pmatrix},\boldsymbol{\alpha}_4=\begin{pmatrix} 2 \\ 5 \\ -1 \\ 4 \end{pmatrix}$$

的秩和一个最大线性无关组,并将剩余向量用该最大线性无关组表示出来.

六、某企业生产A,B,C三种玩具,每种玩具需要甲、乙、丙三种零件数分别为1,1,1;1,2,2;2,3,1. 现有甲零件5 200个,乙零件7 700个,丙零件4 700个,问A,B,C三种玩具各生产多少时,才能使零件得到充分利用?

七、已知矩阵 $\boldsymbol{A}=\begin{pmatrix}3&-2&0\\-2&2&-2\\0&-2&1\end{pmatrix}$,求对角矩阵 $\boldsymbol{\Lambda}$ 和正交矩阵 $\boldsymbol{P}$,使 $\boldsymbol{P}^{\mathrm{T}}\boldsymbol{A}\boldsymbol{P}=\boldsymbol{\Lambda}$.

八、已知 $\boldsymbol{\alpha}_1,\boldsymbol{\alpha}_2,\boldsymbol{\alpha}_3$ 是线性方程组 $\boldsymbol{A}\boldsymbol{x}=\boldsymbol{0}$ 的一个基础解系,证明:$\boldsymbol{\alpha}_1+\boldsymbol{\alpha}_2,\boldsymbol{\alpha}_2+\boldsymbol{\alpha}_3,\boldsymbol{\alpha}_3+\boldsymbol{\alpha}_1$ 也是 $\boldsymbol{A}\boldsymbol{x}=\boldsymbol{0}$ 的一个基础解系.

综合测试(三)

一、填空题

1. 设 $\boldsymbol{A}$ 是 3 阶方阵, $|\boldsymbol{A}|=2$, 则 $\left|-\frac{1}{2}\boldsymbol{A}^{\mathrm{T}}\boldsymbol{A}\right|=$__________.

2. 要使矩阵 $\begin{pmatrix}1&0&0&4\\0&1&0&3\\0&0&k&2\end{pmatrix}$ 为行最简形矩阵,则 k 的取值为__________.

3. 已知 $\lambda=2$ 是非奇异矩阵 $\boldsymbol{A}$ 的一个特征值,则 $\left(\frac{1}{2}\boldsymbol{A}^2\right)^{-1}$ 至少有一个特征值等于__________.

4. 设 $\boldsymbol{A}$ 为 n 阶方阵,且满足 $\boldsymbol{A}^2-2\boldsymbol{A}-4\boldsymbol{E}=\boldsymbol{O}$,则 $(\boldsymbol{A}+\boldsymbol{E})^{-1}=$__________.

5. 已知 5×4 矩阵 $\boldsymbol{A}$ 的秩为 3, $\boldsymbol{\alpha}_1,\boldsymbol{\alpha}_2,\boldsymbol{\alpha}_3$ 是非齐次线性方程组 $\boldsymbol{Ax}=\boldsymbol{b}$ 的三个不同的解向量,若

$$\begin{cases}\boldsymbol{\alpha}_1+\boldsymbol{\alpha}_2+2\boldsymbol{\alpha}_3=(4,0,0,0)^{\mathrm{T}},\\3\boldsymbol{\alpha}_1+\boldsymbol{\alpha}_2=(4,4,8,12)^{\mathrm{T}},\end{cases}$$

则 $\boldsymbol{Ax}=\boldsymbol{b}$ 的通解为__________.

6. 二次型

$$f(x_1,x_2,x_3)=x_1^2-2x_2^2+3x_3^2-2x_1x_2+6x_1x_3$$

的矩阵 $\boldsymbol{A}=$__________.

7. 已知 $\boldsymbol{A}=(a_{ij})$ 是 3 阶非零矩阵, $|\boldsymbol{A}|$ 为 $\boldsymbol{A}$ 的行列式, A_{ij} 为 a_{ij} 的代数余子式. 若 $a_{ij}+A_{ij}=0(i,j=1,2,3)$,则 $|\boldsymbol{A}|=$__________.

二、选择题

1. 若 $D=\begin{vmatrix}5&4&3\\1&1&1\\2&-7&5\end{vmatrix}$,则 D 中第 3 行元素的代数余子式的和为(　　).

(A) 0　　(B) 1

(C) 2　　(D) 3

2. 已知 $\boldsymbol{A},\boldsymbol{B}$ 为 3 阶矩阵,且 $|\boldsymbol{A}|=-2$, $|\boldsymbol{B}|=-2$, $\boldsymbol{A}^*$ 是 $\boldsymbol{A}$ 的伴随矩阵,则 $|\boldsymbol{A}^*(2\boldsymbol{B})^{-1}|=$(　　).

(A) $\frac{1}{4}$　(B) $-\frac{1}{4}$　(C) 2　(D) -4

3. 设 $\boldsymbol{A}$ 为 n 阶可逆矩阵,则下列各式恒成立的是(　　).

(A) $|2\boldsymbol{A}|=2|\boldsymbol{A}^{\mathrm{T}}|$

(B) $(2\boldsymbol{A})^{-1}=2\boldsymbol{A}^{-1}$

(C) $[(\boldsymbol{A}^{-1})^{-1}]^{\mathrm{T}}=[(\boldsymbol{A}^{\mathrm{T}})^{\mathrm{T}}]^{-1}$

(D) $[(\boldsymbol{A}^{\mathrm{T}})^{\mathrm{T}}]^{-1}=[(\boldsymbol{A}^{-1})^{\mathrm{T}}]^{\mathrm{T}}$

4. 设 $m\times n$ 矩阵 $\boldsymbol{A}$ 的秩 $R(\boldsymbol{A})=m<n$,下述结论中正确的是(　　).

(A) $\boldsymbol{A}$ 的任意 m 个列向量必线性无关

(B) $\boldsymbol{A}$ 的任意一个 m 阶子式不等于零

(C) 齐次线性方程组 $\boldsymbol{Ax}=\boldsymbol{0}$ 只有零解

(D) 非齐次线性方程组 $\boldsymbol{Ax}=\boldsymbol{b}$ 必有无穷多解

5. $m\times n$ 矩阵 $\boldsymbol{A}$ 的秩 $R(\boldsymbol{A})=m<n$ 是非齐次线性方程组 $\boldsymbol{Ax}=\boldsymbol{b}$ 有无穷多解的(　　).

(A) 充分非必要条件

(B) 必要非充分条件

(C) 充要条件

(D) 无关条件

6. 已知 3 阶矩阵 $\boldsymbol{A}$ 的特征值为 $0,-2,2$,则下列结论不成立的是(　　).

(A) $\boldsymbol{A}$ 是不可逆矩阵

(B) $\boldsymbol{Ax}=\boldsymbol{0}$ 的基础解系由一个向量组成

(C) $\boldsymbol{A}$ 的主对角元之和为 0

(D) 特征值 2 与 -2 所对应特征向量正交

三、计算 5 阶行列式

$$D=\begin{vmatrix} 1 & 2 & 3 & 4 & 5 \\ 1 & -1 & 0 & 0 & 0 \\ 0 & 2 & -2 & 0 & 0 \\ 0 & 0 & 3 & -3 & 0 \\ 0 & 0 & 0 & 4 & -4 \end{vmatrix}.$$

四、设矩阵$\boldsymbol{A}=\begin{pmatrix} 3 & 2 & 1 \\ 3 & 6 & 2 \\ 2 & -3 & 1 \end{pmatrix}$,$\boldsymbol{B}=\begin{pmatrix} 1 & 0 & 1 \\ 2 & 1 & 1 \\ -1 & 1 & 2 \end{pmatrix}$,且矩阵 $\boldsymbol{X}$ 满足 $\boldsymbol{AX}=\boldsymbol{B}+2\boldsymbol{X}$,求未知矩阵 $\boldsymbol{X}$.

五、求向量组

$\boldsymbol{\alpha}_1=\begin{pmatrix} 1 \\ -1 \\ 0 \\ 1 \end{pmatrix}$, $\boldsymbol{\alpha}_2=\begin{pmatrix} 2 \\ -2 \\ -1 \\ 3 \end{pmatrix}$, $\boldsymbol{\alpha}_3=\begin{pmatrix} -3 \\ 5 \\ 2 \\ -6 \end{pmatrix}$, $\boldsymbol{\alpha}_4=\begin{pmatrix} -3 \\ -3 \\ -1 \\ 1 \end{pmatrix}$的秩,并写出该向量组的一个最大线性无关组,且将其余向量用该最大线性无关组线性表示.

六、已知线性方程组

$$\begin{cases} x_1+x_2+x_3+x_4=1, \\ 2x_1+3x_2+x_3=4, \\ x_1-x_2+5x_3+7x_4=3, \\ 3x_2-4x_3-7x_4=a+1. \end{cases}$$

(1) 问当 a 为何值时,方程组有解?

(2) 当方程组有解时,求出其通解.

七、试用正交变换法将二次曲面方程

$$x^2+y^2+2xy-4xz-4yz=6$$

化为标准方程,并写出所用的正交变换.

八、已知向量组 $\boldsymbol{\alpha},\boldsymbol{\beta},\boldsymbol{\gamma}$ 线性无关,向量 $\boldsymbol{b}_1,\boldsymbol{b}_2,\boldsymbol{b}_3$ 可分别用向量组 $\boldsymbol{\alpha},\boldsymbol{\beta},\boldsymbol{\gamma}$ 线性表示为

$$\boldsymbol{b}_1=\boldsymbol{\alpha}+3\boldsymbol{\beta}+5\boldsymbol{\gamma},\boldsymbol{b}_2=\boldsymbol{\beta}+4\boldsymbol{\gamma},\boldsymbol{b}_3=5\boldsymbol{\alpha}+3\boldsymbol{\beta}+\boldsymbol{\gamma}.$$

问向量组 $\boldsymbol{b}_1,\boldsymbol{b}_2,\boldsymbol{b}_3$ 线性相关还是线性无关?证明你的结论.

综合测试(四)

一、填空题

1. 已知 $\boldsymbol{\alpha}_1,\boldsymbol{\alpha}_2$ 为 2 维列向量,矩阵 $\boldsymbol{A}=(\boldsymbol{\alpha}_1,\boldsymbol{\alpha}_2)$,$\boldsymbol{B}=(2\boldsymbol{\alpha}_1+\boldsymbol{\alpha}_2,\boldsymbol{\alpha}_1-\boldsymbol{\alpha}_2)$. 若行列式 $|\boldsymbol{A}|=-2$,则 $|\boldsymbol{B}|=$__________.

2. 设 $\boldsymbol{A},\boldsymbol{B}$ 为 3 阶矩阵,且 $|\boldsymbol{A}|=3$,$|\boldsymbol{B}|=2$,$|\boldsymbol{A}^{-1}+\boldsymbol{B}|=2$,则 $|\boldsymbol{A}+\boldsymbol{B}^{-1}|=$__________.

3. 设矩阵 $\boldsymbol{A}=\begin{pmatrix}3&1\\-1&3\end{pmatrix}$,$\boldsymbol{E}$ 为 2 阶单位矩阵,矩阵 $\boldsymbol{B}$ 满足矩阵 $\boldsymbol{AB}=2\boldsymbol{B}+2\boldsymbol{E}$,则 $\boldsymbol{B}=$__________.

4. 设 3 阶矩阵 $\boldsymbol{A}$ 的特征值是 1, 2, 3,$\boldsymbol{E}$ 为 3 阶单位矩阵,则 $|6\boldsymbol{A}^{-1}-\boldsymbol{E}|=$__________.

5. 设 $\boldsymbol{\alpha},\boldsymbol{\beta}$ 是 3 维列向量,$\boldsymbol{\beta}^{\mathrm{T}}$ 是 $\boldsymbol{\beta}$ 的转置,如果 $\boldsymbol{\alpha}\boldsymbol{\beta}^{\mathrm{T}}=\begin{pmatrix}1&-1&2\\-2&2&-4\\3&-3&6\end{pmatrix}$,那么 $\boldsymbol{\alpha}^{\mathrm{T}}\boldsymbol{\beta}=$__________.

6. 设二次型 $f(x_1,x_2,x_3)=2x_1^2+ax_3^2+2x_2x_3$ 经正交变换 $\boldsymbol{x}=\boldsymbol{Qy}$ 可化为标准形 $y_1^2+by_2^2-y_3^2$,则 $a=$__________.

7. 设 $\boldsymbol{x}$ 为 3 维单位向量,$\boldsymbol{E}$ 为 3 阶单位矩阵,则矩阵 $\boldsymbol{E}-\boldsymbol{xx}^{\mathrm{T}}$ 的秩为__________.

二、选择题

1. 设 $\boldsymbol{\alpha}_1,\boldsymbol{\alpha}_2,\boldsymbol{\alpha}_3$ 为 3 维向量,则对任意常数 k,l,向量组 $\boldsymbol{\alpha}_1+k\boldsymbol{\alpha}_3,\boldsymbol{\alpha}_2+l\boldsymbol{\alpha}_3$ 线性无关是向量组 $\boldsymbol{\alpha}_1,\boldsymbol{\alpha}_2,\boldsymbol{\alpha}_3$ 线性无关的(   ).

(A) 必要非充分条件

(B) 充分非必要条件

(C) 充分必要条件

(D) 既非充分也非必要条件

2. 设 $\boldsymbol{A}$ 为 3 阶矩阵,将 $\boldsymbol{A}$ 的第 2 行加到第 1 行得矩阵 $\boldsymbol{B}$,再将 $\boldsymbol{B}$ 的第 1 列的 -1 倍加到第 2 列得矩阵 $\boldsymbol{C}$. 记 $\boldsymbol{P}=\begin{pmatrix}1&1&0\\0&1&0\\0&0&1\end{pmatrix}$,则(   ).

(A) $\boldsymbol{C}=\boldsymbol{P}^{-1}\boldsymbol{AP}$ (B) $\boldsymbol{C}=\boldsymbol{PAP}^{-1}$

(C) $\boldsymbol{C}=\boldsymbol{P}^{\mathrm{T}}\boldsymbol{AP}$ (D) $\boldsymbol{C}=\boldsymbol{PAP}^{\mathrm{T}}$

3. 设矩阵 $\boldsymbol{A}=\begin{pmatrix}2&-1&-1\\-1&2&-1\\-1&-1&2\end{pmatrix}$,$\boldsymbol{B}=\begin{pmatrix}1&0&0\\0&1&0\\0&0&0\end{pmatrix}$,则 $\boldsymbol{A}$ 与 $\boldsymbol{B}$(   ).

(A) 合同,且相似

(B) 不合同,但相似

(C) 合同,但不相似

(D) 不合同,也不相似

4. 设 $\boldsymbol{A}$ 为 3 阶矩阵,$\boldsymbol{P}=(\boldsymbol{\alpha}_1,\boldsymbol{\alpha}_2,\boldsymbol{\alpha}_3)$ 为 3 阶可逆矩阵,$\boldsymbol{P}^{-1}\boldsymbol{AP}=\mathrm{diag}(1,1,2)$,$\boldsymbol{Q}=(\boldsymbol{\alpha}_1+\boldsymbol{\alpha}_2,\boldsymbol{\alpha}_2,\boldsymbol{\alpha}_3)$,则 $\boldsymbol{Q}^{-1}\boldsymbol{AQ}=$(   ).

(A) $\mathrm{diag}(1,2,1)$

(B) $\mathrm{diag}(1,1,2)$

(C) $\mathrm{diag}(2,1,2)$

(D) $\mathrm{diag}(2,2,1)$

5. 设 $\boldsymbol{A},\boldsymbol{B}$ 均为 2 阶矩阵,$\boldsymbol{A}^*,\boldsymbol{B}^*$ 分别为 $\boldsymbol{A},\boldsymbol{B}$ 的伴随矩阵,若 $|\boldsymbol{A}|=2$,$|\boldsymbol{B}|=3$,则分块矩阵 $\begin{pmatrix}\boldsymbol{O}&\boldsymbol{A}\\\boldsymbol{B}&\boldsymbol{O}\end{pmatrix}$ 的伴随矩阵为(   ).

(A) $\begin{pmatrix}\boldsymbol{O}&3\boldsymbol{B}^*\\2\boldsymbol{A}^*&\boldsymbol{O}\end{pmatrix}$

(B) $\begin{pmatrix}\boldsymbol{O}&2\boldsymbol{B}^*\\3\boldsymbol{A}^*&\boldsymbol{O}\end{pmatrix}$

(C) $\begin{pmatrix}\boldsymbol{O}&3\boldsymbol{A}^*\\2\boldsymbol{B}^*&\boldsymbol{O}\end{pmatrix}$

(D) $\begin{pmatrix}\boldsymbol{O}&2\boldsymbol{A}^*\\3\boldsymbol{B}^*&\boldsymbol{O}\end{pmatrix}$

6. 设 $\boldsymbol{A},\boldsymbol{B},\boldsymbol{C}$ 均为 n 阶矩阵,且 $\boldsymbol{AB}=\boldsymbol{C}$,其中 $\boldsymbol{B}$ 可逆,则(   ).

(A) $\boldsymbol{C}$ 的行向量组与 $\boldsymbol{A}$ 的行向量组等价

(B) $\boldsymbol{C}$ 的列向量组与 $\boldsymbol{A}$ 的列向量组等价

(C) $\boldsymbol{C}$ 的行向量组与 $\boldsymbol{B}$ 的行向量组等价

(D) $\boldsymbol{C}$ 的列向量组与 $\boldsymbol{B}$ 的列向量组等价

三、计算 n 阶行列式

$$\begin{vmatrix} 2 & 0 & \cdots & 0 & 2 \\ -1 & 2 & \cdots & 0 & 2 \\ \vdots & \vdots & & \vdots & \vdots \\ 0 & 0 & \cdots & 2 & 2 \\ 0 & 0 & \cdots & -1 & 2 \end{vmatrix}.$$

四、已知矩阵 $\boldsymbol{A}=\begin{pmatrix} a & 1 & 0 \\ 1 & a & -1 \\ 0 & 1 & a \end{pmatrix}$,且满足 $\boldsymbol{A}^3=\boldsymbol{O}$.

(1) 求 a 的值;

(2) 若矩阵 $\boldsymbol{X}$ 满足 $\boldsymbol{X}-\boldsymbol{X}\boldsymbol{A}^2-\boldsymbol{A}\boldsymbol{X}+\boldsymbol{A}\boldsymbol{X}\boldsymbol{A}^2=\boldsymbol{E}$,$\boldsymbol{E}$ 为 3 阶单位矩阵,求 $\boldsymbol{X}$.

五、设 4 维向量组

$\boldsymbol{\alpha}_1=(1+a,1,1,1)^{\mathrm{T}}$,$\boldsymbol{\alpha}_2=(2,2+a,2,2)^{\mathrm{T}}$,

$\boldsymbol{\alpha}_3=(3,3,3+a,3)^{\mathrm{T}}$,$\boldsymbol{\alpha}_4=(4,4,4,4+a)^{\mathrm{T}}$.

(1) 问 a 为何值时,$\boldsymbol{\alpha}_1,\boldsymbol{\alpha}_2,\boldsymbol{\alpha}_3,\boldsymbol{\alpha}_4$ 线性相关?

(2) 当 $\boldsymbol{\alpha}_1,\boldsymbol{\alpha}_2,\boldsymbol{\alpha}_3,\boldsymbol{\alpha}_4$ 线性相关时,求其一个最大线性无关组,并将其余向量用该最大线性无关组线性表示.

六、已知 $\boldsymbol{A}=\begin{pmatrix}\lambda & 1 & 1\\ 0 & \lambda-1 & 0\\ 1 & 1 & \lambda\end{pmatrix}$，$\boldsymbol{b}=\begin{pmatrix}a\\1\\1\end{pmatrix}$，且线性方程组 $\boldsymbol{Ax}=\boldsymbol{b}$ 存在 2 个不同的解，

（1）求 λ, a；

（2）求方程组 $\boldsymbol{Ax}=\boldsymbol{b}$ 的通解.

七、已知 $\boldsymbol{A}=\begin{pmatrix}0 & 2 & -3\\ -1 & 3 & -3\\ 1 & -2 & a\end{pmatrix}$ 与 $\boldsymbol{B}=\begin{pmatrix}1 & -2 & 0\\ 0 & b & 0\\ 0 & 3 & 1\end{pmatrix}$ 相似.

（1）求 a, b；

（2）求可逆矩阵 $\boldsymbol{P}$，使 $\boldsymbol{P}^{-1}\boldsymbol{AP}$ 为对角矩阵.

八、已知平面上三条不同直线的方程分别为

$$l_1: ax+2by+3c=0,$$
$$l_2: bx+2cy+3a=0,$$
$$l_3: cx+2ay+3b=0.$$

试证这三条直线交于一点的充分必要条件为 $a+b+c=0$.

郑重声明

读者意见反馈

为收集对教材的意见建议，进一步完善教材编写并做好服务工作，读者可将对本教材的意见建议通过如下渠道反馈至我社。

咨询电话　400-810-0598

反馈邮箱　hepsci@pub.hep.cn

通信地址　北京市朝阳区惠新东街4号富盛大厦1座

　　　　　高等教育出版社理科事业部

邮政编码　100029

防伪查询说明

用户购书后刮开封底防伪涂层，使用手机微信等软件扫描二维码，会跳转至防伪查询网页，获得所购图书详细信息。

防伪客服电话　(010) 58582300